人工智能神奇之旅

浙江省人工智能学会 AIGC 专家委员会 著

中国纺织出版社有限公司

内 容 提 要

本书是一本专为小学生写的人工智能科普读物。书中以小朋友小明为核心，通过他的视角和经历，逐步介绍人工智能的基本概念、工作原理、在日常生活中的广泛应用及对未来生活的影响，从语音助手、智能导航、AI 创作、编程等应用方面，带领小读者探索人工智能的奇妙世界。同时也对人工智能的缺点进行了探讨，以帮助大家合理正确地使用 AI。

本书用通俗易懂的语言和丰富的插图，帮助小读者理解人工智能如何学习、如何思考，并激发他们对未来科技的兴趣与想象。

图书在版编目（CIP）数据

人工智能神奇之旅 / 浙江省人工智能学会 AIGC 专家委员会著 . -- 北京 : 中国纺织出版社有限公司，2025. 11. -- ISBN 978-7-5229-3234-7

Ⅰ. TP18-49

中国国家版本馆 CIP 数据核字第 202540HA21 号

责任编辑：朱安润　　责任校对：寇晨晨　　责任印制：王艳丽

中国纺织出版社有限公司出版发行

地址：北京市朝阳区百子湾东里 A407 号楼　邮政编码：100124

销售电话：010—67004422　传真：010—87155801

http://www.c-textilep.com

中国纺织出版社天猫旗舰店

官方微博 http://weibo.com/2119887771

2025 年 11 月第 1 版第 1 次印刷

开本：880 × 1230　1/32　印张：7.75

字数：148 千字

吴超

浙江大学长聘副教授，博士生导师，计算社会科学研究中心主任，伦敦帝国理工学院计算机系荣誉研究员，智海 Mo 人工智能教育平台创始人。研究方向为联邦学习和分布式建模、数据隐私保护和数据定价、计算社会科学等。在 AAAI、ICCV、KDD 等国际会议和期刊上发表论文 180 余篇，主持包括国家自然科学基金重点类项目在内的多个科研项目。

应晶

浙江大学计算机科学与技术学院教授，博士生导师，浙江大学智能教育研究中心主任，浙江大学计算机软件研究所副所长。

俞春阳

博士，毕业于浙江大学工业工程系，新西兰奥克兰大学联合培养博士生。现任中国美术学院副教授，硕士生导师，浙江省人工智能学会 AIGC 专家委员会副主任委员，杭州市高层次人才特殊支持计划培养类人才。主要研究方向为智能设计与工程创新。主持及参与国家级、省部级项目 10 余项，发表 SCI/SSCI 论文 40 余篇，并担任多本国际权威期刊审稿专家。

潘晶

浙江大学数字图书馆国际合作计划项目对外合作与交流主任，K12人工智能教育资深专家。

陈澜

浙江大学计算机系本科毕业，美国圣塔克拉拉大学计算机软件工程管理与领导专业硕士，有15年美国硅谷互联网与人工智能从业和管理经验，资深青少年教育专家。

目录

CONTENTS

第一章 你好，AI

第二章 身边的 AI 小帮手

第三章 AI 艺术家

第六章 AI 的大脑：人工神经网络

第七章 AI 语言魔法师：会说话的机器人

第八章 AI 视觉魔术师：会看、会画的机器

第九章 游戏里的 AI 小高手

第十章 AI 让生活更便利

※ 本书图片由 AI 生成，经人工编辑与调整。

第一章

你好，AI

神奇的智能音箱

一个周末的早晨，小明醒来后听到客厅里传来阵阵说话声。他好奇地走出房间，看到爸爸新买的黑色圆柱形智能音箱放在桌上，正播放着轻柔的音乐。紧接着，音箱里传出播报天气的温和声音：“今天是晴天，温度 21 摄氏度，适合外出游玩哦。”小明瞪大了眼睛，心想：这个音箱居然会说话，还知道天气！

小明鼓起勇气走到音箱旁，试探着说：“你好，你是谁呀？”

没想到智能音箱立刻用清亮的声音回答：“你好，我是你的智能助手小 Ai，很高兴认识你！有什么可以帮你吗？”

小明又惊又喜：这个小音箱居然听得懂他说话，还会用人类的语言回答他！他赶紧又问了好几个问题，比如“今天有什么新闻”“能给我讲个笑话吗”，每一次智能音箱都给出了回应。

智能音箱甚至还给小明出了一个脑筋急转弯：“什么东西白天是白色，晚上是黑色？”

小明挠挠头想了想，没有猜出答案。

这时音箱神秘地说：“答案是黑板，因为白天写满了粉笔字是白色的，晚上擦干净就变黑了！”

小明听了一愣，随即哈哈大笑起来。这个早晨，他觉得自己仿佛是在和一个新朋友聊天，而不是对着一台机器说话。

吃早餐的时候，小明迫不及待地把这件新奇的事情告诉了爸爸妈妈。他兴奋地问：“这个会说话的音箱里面是不是藏着一个小人呀？不然它怎么知道那么多？”

爸爸笑了笑，摸摸小明的头说：“哈哈，并没有小人藏在里面哦。这其实是一种高科技，叫作人工智能（简称 AI）。智能音箱就是用了 AI 技术，所以才能像真人一样跟你对话。”

小明眨眨眼："AI是什么东西？它真的像人一样聪明吗？"

妈妈微笑着说："这是个很棒的问题。我们一起来聊聊，看看AI到底是什么吧！"

AI是什么

爸爸想了想，解释道："AI啊，就是让机器像人一样聪明，能够完成过去只有人类才能做到的任务。你可以把它想象成给电脑装上了一个'大脑'。有了这个人工的'大脑'，机器就能听懂人话、看懂图像、做出决定，甚至可以自己学习新东西呢。"

小明听得连连点头。这时，妈妈补充道："对了，'人工智能'这个词是由'人工'和'智能'两个部分组成的，意思就是'人造出来的聪明'。换句话说，就是用科技手段让电脑表现出类似人类的聪明才智。"

妈妈还告诉小明："人工智能的英文是Artificial Intelligence，通常缩写为AI。以后你看到AI这个缩写，可别忘了它指的就是人工智能哦。"

"现在的AI已经能做很多事情啦！"爸爸笑着说，"比如，你对手机里的AI智能助手说话，它能听懂你的请求并回答你；打开手机相册搜索'小猫'，你会发现它会自动找到大量的猫咪照片；AI电脑程序还会下围棋、玩游戏，甚至还赢过世界冠军呢！"

小明吃惊地睁大了眼睛："哇！连世界冠军都打败了吗？"

妈妈点点头：“是啊！早在 1997 年，就有一台叫‘深蓝’的超级电脑在国际象棋比赛中打败了当时的世界冠军呢。当时可把大家都震惊坏了！”

“不过啊，”妈妈继续说道，“那时候的 AI 还很初级，只是在下棋这种特定项目上很厉害，别的本事可没有。”

爸爸接过话：“对，而且那个时候的电脑运行速度还没有现在这么快，能用来训练 AI 的资料也很有限，所以 AI 并没有真正走进普通人的生活。直到最近这些年，计算机技术发展得飞快，互联网又提供了海量的数据让 AI 来学习，AI 技术才突飞猛进地发展起来。现在啊，AI 已经走出实验室，来到我们身边，当起了我们的好帮手啦！”

小明好奇地问：“可是机器是怎么变聪明的呢？它们真的会自己学习吗？”

AI 如何像人一样学习

爸爸笑着点了点头：“没错！AI 可不是天生就会那些本领

的，它需要像你一样，通过大量学习和练习才能变聪明。这种通过训练让机器变厉害的方法，就叫作机器学习。”

妈妈拿来一支铅笔，在纸上画了几个相连的圆圈，说：

“机器学习里有一种很强大的技术，叫深度学习。它利用一种特殊的‘人工神经网络’来模仿我们人脑的工作方式。

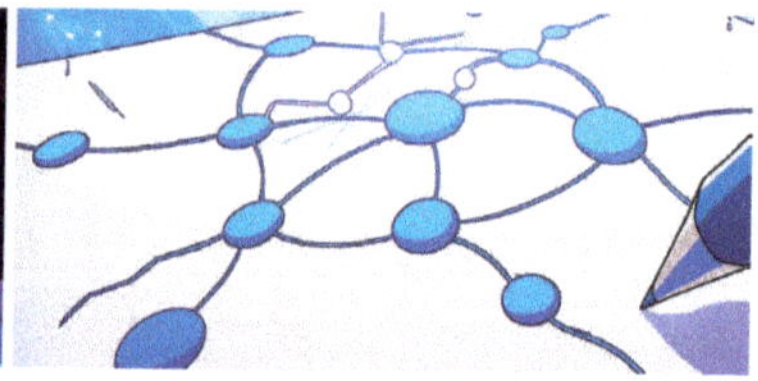

“人的大脑由无数个微小的单元组成，这些小单元叫作神经元。我们的神经元彼此相连，一层一层地传递和处理信息，这让我们能够思考和学习。类似地，AI 的‘人工神经网络’也是由许多仿照神经元功能的小单元连接而成。信息在这个网络中逐层传递，每经过一层，电脑就会提取出一些新的特征或规律。由于这样的网络通常有很多层，就像知识越学越深入一样，所以这种学习方式被形象地称为‘深度学习’。

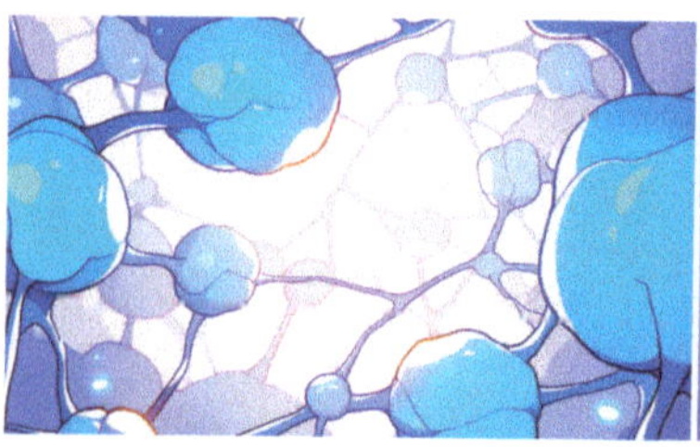

“你可以把深度学习的过程想象成一层层筛选信息的过程：第一层网络提取出最基本的线条和颜色，第二层把这些线条和颜

色组合成简单的形状，第三层再将其组合成更复杂的部件……如此一来，通过一层层地提取和组合特征，最后 AI 就能识别出图像中的高级模式，比如一张照片里的猫咪轮廓。

“通过深度学习，计算机可以从海量的数据中总结经验，慢慢提高自己的能力。”

小明有些似懂非懂，但他抓住了关键词：“就是说，要给 AI 看很多很多例子，它才能学会，对吗？”

爸爸夸赞道："对啦！举个例子，如果我们想教电脑认识小猫，就要让它看成千上万张小猫的照片。起初它可能什么都分辨不出来，但看的照片多了，它就会发现猫咪都有'尖耳朵''长胡子''四条腿'这些共同特点。等学了足够多的例子，下次再给它看一张新的小猫图片，它就能认出'这是一只猫'了。"

"原来如此！"小明恍然大悟。

妈妈接着说："类似地，你早上和智能音箱聊天，它能听懂你的话、回答你的问题，也是因为它在后台学习了海量的对话示例。它听过成千上万段人机对话，知道人们问'今天天气如何'时要回答天气信息，听到'讲个笑话'时要讲个笑话。这种让电脑理解人类语言并做出回应的本领，就属于AI技术的一个重要分支，叫作自然语言处理（NLP），简单说就是让机器能听懂人话。"

爸爸神秘地笑了笑：“AI 学习的办法可不止这一种哦！”

“啊？还有别的学习方法吗？”小明睁大眼睛问。

“有的，”爸爸说，“有些 AI 不用人给它提供现成的例子，而是通过自己不断尝试来学习，这叫强化学习（Reinforcement Learning）。比如，一个围棋 AI 可以不停地和自己下棋，对战上万次后总结经验，它的棋艺就变得非常高超。著名的 AlphaGo（阿尔法围棋）人工智能机器人程序就是这么练成的，它最后甚至打败了围棋世界冠军呢！再比如，让机器人学走路，一开始它会跌跌撞撞地一直摔倒，但每摔一次它就会调整自己的‘步伐’，经过成百上千次尝试后，看似笨拙的机器人也能稳稳地走几步了。怎么样，很有趣吧？”

小明兴奋地点点头，感觉 AI 真像一个耐心学习的学生。

“通过这样不断地学习和训练，AI 当然会变得越来越聪明。”妈妈说，“不过呀，目前的大多数 AI 还只是单项冠军，也就是只擅长它练过的那些技能，没有人的大脑那么灵活全面。比如，会下棋的 AI 不一定会讲故事，会讲笑话的智能音箱也不一定会开车。”

爸爸接着说：“对，AI 虽然能模仿人的思考，但它毕竟没有真正的感情和意识！它做的一切事情，都是按照程序和数据在计算。”

妈妈还提醒小明：“顺便说一下，机器人和 AI 可不是完全一样的哦。机器人通常指有身体的机器，可以通过程序做出动作，AI 则是一种让机器变聪明的技术。很多机器人都会用到 AI，从而变得更聪明，但也有一些机器人里没有 AI，只能按照固定指令做事。比如动画电影《超能陆战队》里的大白，还有电影《钢铁侠》里的管家贾维斯，都是人们想象中的高智能机器人或电脑管家形象，这些其实说的就是 AI。现实生活中虽然还没有那么聪明的 AI，但科学家们正在让它一步步变得更聪明呢。同样，也有一些 AI 程序是没有机器人身体的，比如手机里的语音助手——它就是一个看不见实体的智能软件。”小明恍然大悟地点点头。

经过这一番讨论，小明对 AI 有了初步的了解。妈妈笑着问他：“现在，你能用自己的话说说，什么是 AI 吗？”

小明想了想，认真地说：“AI 能让机器变聪明，变得像人一样学习和做事。不过，它需要学会很多知识才能变聪明，而且暂时还没有人的脑子那么灵活。”

“回答得很棒！”爸爸冲小明竖起大拇指。

妈妈微笑着摸摸他的头：“没错。AI 就是这么回事。今天的‘AI 课’就先上到这里啦！”

这时，客厅里的智能音箱又用愉快的声音提醒道：“今天户外天气晴朗，适合运动哦！”爸爸伸了个懒腰笑道：“走吧，我们去公园活动活动筋骨，也让小 Ai 休息一下！”

小明开心地牵起爸爸妈妈的手：“好啊，我们去打球！”

爸爸笑着对小明说：“说不定以后你也能成为研究人工智能的科学家呢！”

小明腼腆地笑了笑，挥挥手道：“那到时候我要造一个帮我写作业的机器人！”

妈妈听了忍不住笑出声来。

本章练习与思考

PRACTICE AND THINKING

1. 用自己的话解释

什么是 AI？请你尝试用简洁的语言向家人或朋友解释 AI 的含义，就像你在给他们上课一样。

2. 对话体验

回忆一下，你有没有和 AI 进行过对话或互动？例如，和手机语音助手聊天、玩能识别你声音的玩具或者在网页上和客服机器人交流。描述一下其中的一两次体验：它能否听懂你的话？它的回答让你满意吗？

第二章

身边的 AI 小帮手

小明的 AI 体验

清晨，阳光透过窗帘照进了小明的房间。“嘀嘀嘀，早上好，现在是早上 7 点整！”床头柜上的智能音箱发出了温柔的提示音。小明伸了个懒腰，对着智能音箱说：“小 Ai 小 Ai，播放晨间音乐！”话音刚落，悦耳的音乐便在房间里响起。这位贴心的语音助手每天早晨都准时叫醒小明，还会根据指令播放音乐、讲笑话，让清晨充满欢乐。

吃完早餐，妈妈准备送小明去上学。他们坐上爸爸的车，爸爸一边发动车子一边对手机说：“导航去学校。”手机地图导航应用立刻打开，用甜美的语音开始指路：“前方 500 米右转，预计 20 分钟后到达目的地。”车子行驶在路上时，它还贴心提醒：“前方道路拥堵，正在为您重新规划路线。”一路上有了导航小帮手，他们顺利避开了拥堵路段，准时到达了学校。

小明惊讶地问：“地图导航应用怎么知道前面堵车了？”爸爸解释道：“地图导航应用里也有 AI，它会根据很多车辆的行驶速度和各个路段的交通信息来判断哪里堵车，然后推荐最快的路线。”

放学后，妈妈带小明去超市买东西。结账时，妈妈没有拿现金，也不用掏手机支付，只是在收银机前对屏幕笑了一下，“嘀”的一声，付款成功！小明瞪大了眼睛：“哇，妈妈，你没拿手机怎么就付了钱？”妈妈指了指收银机上方的小摄像头：“这个机器认出妈妈的脸了，我的脸就是密码呢！这叫刷脸支付，是让AI帮忙记住了妈妈的样子，识别成功后直接付款，可方便啦。”

回到家里，小明想起老师布置的手工作业需要一些材料。他和妈妈一起打开购物网站。网页右下角跳出一个可爱的卡通客服头像：“你好，有什么需要帮助的吗？”小明试着在对话框里打字：“我想买彩纸，但是不知道哪种适合做风筝。”几乎瞬间，客服机器人就回复了：“推荐您买这款彩纸，颜色鲜艳且结实，适合手工制作风筝。”小明惊喜地发现，和他对话的是一个智能客服机器人，它总是在线，还能快速回复问题，特别厉害。

晚饭后，小明完成了作业，打开平板电脑看动画片。看完一集后，屏幕上跳出一个“你可能还喜欢”的推荐列表，里面正好有一部他感兴趣的新动画片。小明好奇地点开一看，发现果然很好看！妈妈笑着告诉他，这也是AI根据他的观看喜好给他推荐的。

这一天，小明接触了各种各样的AI小帮手：早晨的语音助手帮他播放音乐，上学路上的地图导航为爸爸规划路线，超市的刷脸支付让妈妈轻松买单，晚上的购物网站客服机器人为他及时解答问题，智能推荐系统帮他挑选动画片。

接下来，我们就来认识一下身边的这些 AI 小帮手，看看它们各自有什么本领，又是如何工作的吧！

语音助手：能听懂你说话的小助手

还记得每天早晨把小明叫醒、听他指令播放音乐的智能音箱吗？它就是一个典型的语音助手。语音助手是一种能够听懂人类语言并做出回应的 AI 小帮手。当你对它说话时，它会通过内置的语音识别（Speech Recognition）技术，把你发出的声音转化成文字，就好比它把你说的话听写下来。接着，语音助手会分析这句话想让它做什么事情。如果小明说“播放音乐”，语音助手就会明白他是想听音乐，于是按照指令在音乐库中找到合适的歌曲播放出来。

语音助手可以做很多事情：讲笑话、报天气、回答问题、设置闹钟，甚至能控制家里的智能电灯和空调。它就像一个随叫随到的小秘书。当你问：“明天要不要带雨伞？”语音助手会自动查找天气信息，然后回答：“明天有雨，出门记得带伞哦！”小朋友们可能听说过一些常见的语音助手，比如苹果手机里的 Siri、智能音箱“小爱同学”“天猫精灵”等。这些语音助手背后都有强大的 AI“大脑”。

语音助手是怎么变聪明的呢？原来，开发它的工程师让它听了成千上万段人类说话的声音，并学习对应的文字和回答。这有点像我们学英语，要反复听、反复练习。语音助手通过学习大量的声音和语言例子，终于学会了理解不同人的说话内容与表达方式。就算有的人声音细、有的人声音粗，它都能明白大概意思。我们可以把语音助手想象成一个特别爱学习的孩子，听了很多故事和对话，所以当你问它问题时，它能迅速找到对应的答案或者做出正确的反应。这种靠学习大量实例让机器变聪明的方法就是前面提到的机器学习！ AI 就是这样越学越厉害的哦。

语音助手还能为我们带来欢乐和便利。比如有一次，小明对他的语音助手说：“讲个笑话！”语音助手立刻用搞笑的声音讲了一个有趣的笑话，逗得他哈哈大笑。还有一次，妈妈对音箱说：“打开客厅的灯。”客厅的智能灯真的亮了起来——原来语音助手还连通了智能家居设备呢！

有了语音助手，许多事情都变得又快又方便。以前我们查一个问题，可能需要自己上网或翻书。现在只要动动嘴巴，AI 小助手就会自动帮我们找答案，简直像童话里的神灯精灵一样。当然啦，语音助手并不是真的什么都懂，它的知识和技能都是程序提前准备好的。如果我们问一个很奇怪的问题，它有时也会答不上来或者出错。

不过随着技术不断进步，未来的语音助手会变得越来越聪明，也能更好地理解我们的意思。现在的某些语音助手甚至可以支持多种语言呢！比如同一个助手既能听懂中文也能听懂英语，还能用不同风格的声音跟你对话。你可以选择让它用可爱的卡通音调说话，让互动更有趣。将来，语音助手甚至能听出你的情绪，如开心或难过，并提供更加贴心的反馈哦！

刷脸支付：你的脸就是密码

还记得在超市里，妈妈对着机器笑一笑就完成付款的场景吗？那就是刷脸支付，一种非常先进又方便的支付方式。刷脸支付用到了 AI 的人脸识别技术。简单来说，就是机器能够“认出”你的脸，并确认你的身份，从而完成快捷支付。

想一想，我们人类是怎么认出熟悉的朋友的呢？当你的好朋友走过来时，你一眼就能认出她，因为你记得她的五官长相，比如她有一双圆圆的眼睛和两个小酒窝。机器识别人脸也是类似的道理：当你第一次在刷脸支付系统注册时，系统会拍下一张你的脸部照片，然后把你的面部特征变成一串数字代码保存起来。这串代码就相当于你的“脸部 ID”。

此后，当你在付款机前站好，摄像头再次看到你的脸时，系统就会把刚拍到的脸部特征和它在数据库里保存的特征进行比对。如果对上了，它就知道“哦，这就是某某用户”。接着，它会从你的账户里扣除相应的钱款，完成支付。

整个过程不需要拿出手机或银行卡，你的脸就是密码，非常方便。

刷脸支付不仅快捷，还给我们带来了一些新奇的体验。例如，在一些快餐店或超市，只要刷脸就能成为会员、获得个性化优惠券呢！现在有些校园餐厅和游乐场入口也开始尝试刷脸识别，让大家出入更加顺畅。为了保证安全，刷脸支付系统非常重视保护用户的信息。因为每个人的脸都是独一无二的，所以别人没法冒充你的脸来完成支付。而且这些系统通常也会结合其他验证措施（比如首次使用时还要绑定手机）来识别用户，以确保万无一失。

有的小朋友可能会问：机器万一认错人了怎么办？确实，人脸识别不是百分之百完美的。有时候光线太暗或者戴口罩，机器可能就认不出来了。但程序员们一直在改进算法，努力让识别更加准确。总体来说，刷脸支付给我们的生活带来了极大的便利——想象一下，以后出门买东西，什么都不用带，笑一笑就能把账结了，是不是很酷？小明听五年级的姐姐说，她的学校最近安装了人脸识别的门禁系统。每天早上同学们进校门时，只要在摄像头前刷一下脸，系统就能自动识别并登记到校时间，再也不用排长队刷卡了！ AI 让校园生活也变得更方便了呢。

其实除了面部，人的指纹、虹膜（眼睛黑色瞳孔和白色巩膜之间的圆环状部分）、声音等也都有独有的特征，可以用来识别身份哦！比如许多智能手机和智能门锁也可以用指纹或人脸开锁。这些生物特征识别技术也是 AI 本领的一部分呢。

智能导航：不会迷路的电子导游

开车出门时，爸爸妈妈经常会用手机地图应用来导航。这个地图应用其实就是一位智能导航小助手，时刻帮助我们找到最快、最好的路线，避免迷路。强大的功能背后当然也是 AI 在发挥作用啦！

当爸爸对手机说"导航去学校"时，地图应用立刻开始工作。它先通过全球定位系统（GPS）获取了汽车所在的位置。然后，它会去查地图数据库，找到从当前位置到目的地（学校）所有可能的路径。这时候，AI 的大脑开始分析哪一条路线最快：它会考虑路程远近、沿途红绿灯数量等因素，甚至会查看实时的交通信息，比如前面哪条路发生了事故，造成了堵车。

你可以把智能导航想象成一个经验丰富的电子导游。它不仅熟悉地图，还能同时从成千上万辆正在路上行驶的汽车那里收集信息（当然是匿名的，不会记录个人信息）。如果很多车在某条路上开得很慢，导航就判断那里的交通可能拥堵，于是提醒我们改道。这就是为什么当前方堵车时，导航会说"正在重新规划路线"，因为它在实时动脑筋为我们寻找更好的选项呢！

对于经常走路或骑车出行的我们，智能导航同样有用。比如你想去一个从没去过的公园玩，只要打开手机地图，输入地点，导航就会像贴心的伙伴一样，一步一步指引你走哪条街、走多远。

这可比拿着纸质地图东找西找轻松多了。小明记得去年假期全家去外地旅游时，爸爸也是靠导航找到了酒店和景点，那次旅程就非常顺利呢。

自从有了智能导航，大家出门变得更省心了，再也不怕走错路或在陌生的地方转圈圈了。爸爸感叹道："以前开车出门全靠纸质地图或问路，有时候一不小心走错了就要绕远路。现在有了智能导航，真是省心多了！对了，你知道导航是怎么知道我们在哪儿的吗？其实是通过GPS！天上有许多定位卫星绕着地球转，它们就像守时的灯塔，不停地广播着'我是谁'和'现在几点'的信号。手机接收了至少4颗卫星的信号后，就能计算出我们的实时位置。没有卫星和地图数据的支持，导航AI可就无能为力啦。所以说，AI的本领很大程度上也要依靠人类提供的大量数据呢。"

需要注意的是，我们也不能把所有事情都交给导航哦。有时候它推荐的路线可能不是你最喜欢的，比如路虽然短但是很颠簸。这时根据经验判断并做出选择也是很重要的。大部分时候，智能导航的确是我们出行的好帮手，可以让行程更顺畅。

个性化推荐：贴心的内容挑选家

小明做完作业后，打开平板看他喜欢的动画片。播完一集后，屏幕上自动跳出了“你可能还喜欢”的列表，推荐了很多类似风格的动画片。果然，小明发现里面有一部新动画片也很有趣。这种根据个人喜好来推荐内容的功能，就是 AI 的另一个本领，叫作个性化推荐。

不仅是动画视频，小朋友日常接触的很多 App，比如音乐播放器给你推荐歌曲，购物网站给你推荐玩具，甚至是新闻客户端推送你感兴趣的新闻，背后都有个性化推荐系统在默默工作。它会根据你的历史行为来猜测你的喜好。举个例子，如果你经常在视频网站上看魔法冒险题材的动画片，系统就会觉得“嗯，你喜欢魔法和冒险”，下次就会多给你推荐这类动画片。

个性化推荐系统是怎么知道你喜欢什么的呢？其实，它就像一个一直在观察你的小助手。当你点了某个视频、听了某首歌、浏览了某款商品，它都会做个小记号（这些数据也是匿名统计的，不会泄露你的个人隐私）。然后 AI 会分析这些数据，找出你的喜好模式。比如它发现“这个用户看过 10 部恐龙动画，有 5 部都是科幻类的”，那么很可能恐龙和科幻就是你的兴趣所在。接着，AI 会从海量的内容中筛选出符合你偏好的内容，再推荐给你。

此外，推荐系统有时还会参考其他和你兴趣相似的用户的偏好。如果很多与你兴趣类似的小朋友都喜欢某部动画片，而你还没看过，系统也会把这部动画片推荐给你。

当然，人的兴趣是多种多样的，AI 也在通过不断学习来提高推荐的准确性。比如你最近迷上了赛车游戏，动画视频网站也许会开始推荐一些赛车题材的动画片，游戏下载 App 也会推荐类似的新游戏让你尝试。

个性化推荐就像一个特别了解你的朋友，总能提出让你感兴趣的建议。当你不知道看什么、听什么的时候，它的推荐常常让人眼前一亮。当然，我们也可以尝试跳出自己的喜好，多探索新内容。毕竟 AI 是在根据过去的数据来推荐，可能会有点“惯性”。

比如你一直看科幻，系统就不太会主动推荐非科幻的内容了，所以我们自己也要主动去发现新东西，不要被个性化推荐框住视野。小明也发现，如果自己总是看同一种类型的节目，推荐列表就会变得很单一。比如有段时间他迷上了恐龙动画，一连看了好多恐龙冒险的片子，结果系统推荐给他的几乎全是恐龙相关的内容，别的题材很少。这让小明有点腻烦，于是他主动去搜寻不同类型的动画片来看。果然，过了几天，系统开始推荐一些新类型的内容给他了。

总体来说，个性化推荐让我们获取资讯变得更快捷了。你无须在海量影片或商品中“大海捞针”，AI 已经帮你筛选了一批可能喜欢的内容。这也是 AI 为我们节省时间、提供便利的一种方式呢！

AI 客服：永不下班的答疑机器人

你有没有在网站上找过客服，结果跳出来的是一个聊天框，里面先和你对话的是“小 Q 客服”“智能客服”等？其实，那并不是真人客服，而是一个AI客服机器人在为你服务。正如本章开头小明在购物网站咨询彩纸的例子，最先回复他的就是智能客服机器人。

客服机器人的作用是回答用户常见的问题，帮助用户解决简单的需求。比如网购时发现商品有问题，或者游戏账号登不上去了，很多人第一步都会选择联系在线客服。这时候，AI客服通常会第一时间应答。它的外表可能是一个卡通形象，回应礼貌又迅速："你好，请问有什么可以帮您？"当你输入问题后，AI客服会运用自然语言处理技术理解你的提问，然后在它的知识库里查找匹配的答案。如果问的是常见问题，比如"我的快递什么时候到"，它可能会立刻回复："请您提供订单号，我来帮您查询。"对于一些固定流程（如查询快递、重置密码、退款步骤等），AI客服往往可以指导我们一步步完成，非常高效。

AI客服为什么这么聪明？其实，它提前学习并存储了成千上万组问答。例如，在一家银行的客服系统里，工程师会把客户常问的问题和标准答案都录入进去。AI学习了这些资料后，就像背下了一本"客服问答手册"。当有用户来提问时，它就能飞快地在"手册"中寻找最合适的答案，然后回复给用户。由于是电脑在搜索答案，这个过程比真人翻找资料快多了，所以我们会感觉 AI 客服回答问题特别迅速。

此外，很多电话客服系统里，你听到的自动语音“欢迎致电，请说出您需要办理的业务”其实也是 AI 客服在工作。它能根据你的语音回答来判断你的需求，并进行相应的分流或解答。这背后同样用到了语音识别和语言理解技术。

AI 客服最大的优点是全天候服务。无论是白天还是夜晚，只要你发去消息，它都会立刻响应。当然，AI 客服也有做不到的事情。当问题太复杂或超出它的知识范围时，它可能答非所问或者无法给出解决方案。这时通常会转接到真正的人工客服来处理。也就是说，AI 客服就像第一道关卡，先解决简单问题，帮真人客服减轻工作负担，只有棘手的问题才需要真人出马。

对于我们来说，AI 客服让线上求助变得更快捷了。我们不需要在电话那头一直等，很快就能和“人”对话上。虽然我们知道对面其实是机器人，但它的语气往往很亲切，让人感觉像真的客服一样。这背后也是 AI 的自然语言处理和语音合成技术在发挥作用。

不过有一次，小明调皮地问客服机器人："你喜欢吃什么冰激凌？"结果机器人回答："很抱歉，我不明白您的问题。"像这样超出它知识范围的闲聊，它就答不上来了。

不知不觉中，AI 的各种小帮手已经融入了我们生活的方方面面。例如，扫地机器人能帮我们自动清洁地板，翻译软件可以实时翻译不同语言……这些也是 AI 当小帮手的例子。它们让我们的生活变得更加方便、高效，有时还能带来新奇有趣的体验。相信随着科技的发展，未来还会有更多、更棒的 AI 小帮手出现，为我们的生活增光添彩！

本章练习与思考

PRACTICE AND THINKING

1. 找一找

回想一下，你今天遇到了哪些 AI 小帮手？是在什么场景下遇到的？它们帮你做了什么？试着把它们的名字和用途列出来，例如，“语音助手——帮我设置闹钟”。

2. 动手试试

如果家里有语音助手设备，试着请它做一件事情（比如让它回答一个问题或让它讲一个笑话），观察它是如何回应的。如果没有，也可以模仿这个过程：让一个小伙伴扮演“语音助手”，你来说指令，看对方能否正确“理解”并执行。

3. 创意脑洞

发挥想象力，如果让你设计一个新的生活中的 AI 小帮手，你希望它有什么功能？例如，帮忙整理书桌的 AI 小管家、陪你练习踢足球的 AI 教练……把你的想法画出来或者和同学、家人分享，说不定未来真的会出现这样的小帮手呢！

4. 思考

你认为 AI 小帮手在为我们带来便利的同时，有没有需要注意的地方？例如，使用刷脸支付时，我们该如何保护个人信息？试着和老师或家长讨论一下，我们应如何安全、合理地使用这些 AI 工具。

第三章

AI艺术家

跟姐姐一起用 AI 创作

周末的下午，小明正在家里看书，五年级的姐姐跑过来神秘地说："小明，我来给你看样神奇的东西！"姐姐打开自己的电脑，屏幕上显示着一个绘画软件。只见姐姐在软件的对话框里输入了"踩着滑板的独角兽"，然后按下确认。不到一分钟，软件里居然自动生成了一张有趣的图片：图画里，一只独角兽头上戴着一副墨镜，四蹄稳稳地踩在滑板上，身后还拖着一道绚丽的彩虹，画面既炫酷又好笑。

小明惊讶得瞪大眼睛："这幅画是你刚画的吗，姐姐？"

姐姐笑着摇摇头："不是哦，这是电脑自己画出来的。我只需要告诉它我要什么图，它就用 AI 帮我生成了这幅画！"

小明好奇极了："电脑还能自己画画？也太厉害了吧！"

姐姐神秘地说："不仅会画画，它还会写故事、写作文，甚至作曲呢！"说着，姐姐又切换到另一个程序界面。这次她在电脑中输入："请讲一个关于宇宙探险的故事。"结果屏幕上很快就出现了一个故事大纲，标题是《小行星上的冒险》，下面列出了故事的开头、发展和结局。姐姐点击"生成全文"，几秒后，一个完整的科幻冒险故事呈现在他们眼前。

小明读着故事，兴奋地说：“哇，真的像一本书里的故事一样！虽然有些地方有点奇怪，但总体上很有趣。”

这时，姐姐又点开了一个音乐软件。她选了“欢乐”的曲风，然后点击“生成音乐”。不一会儿，电脑扬声器里播放出一段轻快的钢琴旋律，那旋律欢快极了，像小鸟在枝头歌唱，听得人忍不住想跟着节拍摇摆。

小明跟着节拍开心地晃动起来：“这个曲子听起来真不错！真想不到电脑还能自己作曲。”

姐姐点点头：“对啊，这些都是 AI 的新本领呢。我们把这种由 AI 创作内容的技术叫作人工智能生成内容，也就是 AIGC。它能让 AI 学习大量现有的作品，然后根据人类的指令，创作出新的内容。很神奇吧？”

姐姐还告诉他：“其实，AI 能完成这些创作，离不开三个重要条件：强大的算法（也就是让 AI 学习和生成内容的程序）、海量的数据（供 AI 学习的图片、文字等素材）和高速的计算能力（强大的电脑硬件）。这几年，这三方面技术都实现了突飞猛进的发展，所以 AI 创作才成为可能哦！”

小明还有些半信半疑："AI 真的能像人一样当艺术家吗？"

姐姐笑了笑："嗯，不过它虽然很聪明，但也是在我们提供的素材的基础上进行创作的。AI 没有真正的灵感和情感，但它能帮人类做很多基础的创作工作，让我们更方便地实现想法。"

小明似懂非懂地点点头。他想了想，说："那我以后画画、写作文，是不是都可以让 AI 帮忙啦？"

姐姐摸摸他的头说："可以让 AI 给你一些灵感和建议，但自己的功课还是要自己完成哦！虽然 AI 是好帮手，但可不能完全用 AI 代替我们动脑筋呀。"

小明眼珠一转，又问：“那 AI 以后会不会自己拍电影、画漫画啊？”

姐姐想了想，说：“已经有人用 AI 生成简单的动画短片了。不过要拍出电影，AI 还得再学习和进步，但我觉得总有一天它能做到。”

姐弟俩又玩了好久，让 AI 画出了各种天马行空的图画，编了有趣的小故事，甚至把他们哼的儿歌旋律也用 AI 丰富成了一首完整的歌。他们不由感叹：AI 真是太有创意了！那么，这些会创作的 AI 究竟是如何工作的呢？让我们一起来深入了解它们吧。

AI 画画：AI 小画家

在上一章中，我们认识了会“看”、会“听”的 AI 助手们，现在让我们看看 AI 在艺术领域的本领吧。先来说说 AI 画画，也叫 AI 绘画。还记得刚才小明的姐姐让电脑画出“踩着滑板的独角兽”那张图吗？那就是 AI 画画的一个例子。AI 通过图像生成技术，能够根据文字描述创造出一幅完整的图画，这听起来是不是像魔法一样？

那么，AI 是怎么学会画画的呢？原来，它在成为“小画家”之前，看过了成千上万的图片和画作。就好比一个学生先观摩了很多大师的画，然后开始练习。AI 通过深度学习的技术，从海量的图像里总结出规律，比如不同物体的形状、颜色和风格。当我们给它一些文字提示，比如“独角兽”“滑板”“彩虹”，它的大脑（模型）里就会浮现出相关的图像元素，然后尝试把它们组合成一幅完整的图画。

AI 绘画的过程有点像我们画画时从草稿到成品的过程。开始时，电脑先生成一张随机的“噪声”图，就像一张什么都看不清的草稿纸。然后，它会根据提示慢慢修改这张图，每一轮修改都让画面更接近我们描述的样子，直到最后呈现清晰的图画。整个过程发生得非常快，可能几十秒就完成了。

对了，你可能用过手机里的美颜滤镜或修图软件，那些也是 AI 在背后帮忙处理图像。虽然滤镜只是把照片变漂亮了，不算原创，但它和 AI 绘画的某些技术原理是相通的。

你可以把 AI 当作一个非常勤奋的画家助手。它绘画的速度极快，而且风格多变。你想要的水彩画风格、卡通画风格或者油画风格，它都能画出来。AI 甚至还能把一张已有的图片转换成其他风格，比如把照片变成油画效果或者给线稿自动上色。

当然，AI 画家也有不完美的地方。有时候，它画出来的细节可能有点怪怪的，比如把人物的手指画得比例失调，或者颜色搭配有些奇特。这是因为 AI 并不真正“理解”它画的东西，只是根据学到的模式在尝试，所以偶尔会出现失误。不过只要给它更多的训练和调整，它的绘画技能就会不断提升。

一些设计师已经在用 AI 绘画来寻找灵感了。例如，有些服装设计师会让 AI 生成各种图案，从中挑选有创意的元素融入自己的设计。

曾经在一次美国科罗拉多州博览会艺术美术比赛中，一幅由 AI 创作的画作还意外获得了奖项，赛后评委们才惊讶地发现原来那不是真人创作的！这件事引发了大家对“AI 算不算艺术家”的热烈讨论。

AI绘画的出现，让没拿过画笔的人也能创作出好看的图像。如今在互联网上，有许多AI绘画的网站和工具，只要输入文字就能出图，因此AI绘画在全世界迅速流行起来，吸引了无数人尝试。比如小明画画不太厉害，但他可以把脑海中有趣的想法告诉AI，让它帮忙绘制出来。现在，许多艺术家也开始尝试把AI作为创作工具，设计服装、场景甚至角色形象。

AI绘画不会取代人类画家，但它可以成为人类的灵感来源和好帮手。当我们脑中有奇思妙想时，AI小画家能帮我们快速把它变成图画呈现出来，这是不是很棒呢？

AI写作文：会写文章的智能作者

除了画画，AI还能写文章、写作文。AI写作指的就是AI根据提示自动生成文字内容的能力。比如，我们让AI写一篇题目为《假如我会飞》的作文，它就会根据这个题目创作一篇文章，写出一段段文字来。这听上去是不是很像我们平时在做的写作练习？

AI 写作的背后，依然是“大量的阅读和学习”在起作用。想象一下，一个小作家在下笔前，如果读了成千上万的书、报纸和故事，他头脑中的词汇和句子肯定非常丰富。AI 也是这样，它通过机器学习看遍了互联网上无数的文章和书籍，还学会了人类语言的用法和文章写作的结构。所以，当我们给 AI 一个题目或者一段开头，它就会根据自己学到的知识来续写后面的内容。

目前世界上有一些很厉害的 AI 写作程序，比如 DeepSeek 就是其中的“明星”。DeepSeek 可以根据人类的指令回答问题、写故事、编对话等，就像一个知识渊博的机器人笔友。很多人用它来帮忙写邮件、做摘要，还有人让它续写小说的结局，非常有趣。

那么，AI 写出来的文章和真人创作有什么不同呢？一般来说，AI 写作速度快、内容丰富，但它没有真实的情感和个性，所以它写出来的文字可能会显得中规中矩或者有点呆板。

AI 其实并不真正“明白”文章的含义，它生成的句子是根据算法和模式拼出来的。这就意味着，有时候 AI 也会闹笑话，写出一些不符合常理的句子或错误的内容。所以我们在阅读 AI 生成的东西时，也要有判断力，不能百分百相信 AI 给的结果。

其实，我们平时在手机上打字时，键盘上方弹出的联想词就是简单的 AI 写作例子。只是像 DeepSeek 这样的 AI 拥有更庞大的“语料库”和更复杂的模型，所以能连续不断地写出长段的内容来。

其实 AI 写文章的基本原理有点像我们平时玩的词语接龙游戏：它会根据已经写出的句子，不断地“猜”下一个最合适的词语是什么，然后一个接一个往下写。

举个例子，如果 AI 已经写了“在草地上，一只小兔子……”它可能会猜下一个词是“跳”或“蹦蹦跳跳”，然后继续完成句子。就这样，AI 通过一系列的猜测和选择，把整篇文章“接龙”出来。

目前，AI 写作已经应用在很多地方了。比如新闻网站用 AI 快速生成简单的新闻报道，客服系统用 AI 自动回答客户的问题等。AI 还可以帮忙把一篇长文章概括成简要总结，省去人工摘要的时间。可以说，只要是文字类的工作，AI 都能帮到我们。

在日本，2016 年就有一篇由 AI 参与创作的小说曾经参加文学类比赛，顺利通过了初轮评审，评委们在揭晓幕后作者时才发现这篇小说居然是 AI 写的，感到十分惊讶！虽然那篇小说最终没有获奖，但它已经展现出 AI 写作的巨大潜力。

对于小学生来说，AI 写作功能可以成为一个很好的练习和辅导工具。比如，当你写不出作文的开头时，可以请 AI 给一个思路；或者写完作文后，让 AI 帮忙润色、检查有没有错别字。不过，写作毕竟是表达我们自己想法的过程，不能完全依赖 AI。

就像姐姐提醒小明的一样，功课还是要自己完成。如果直接让 AI 替我们写作业，我们自己就无法进步了。所以，把 AI 当成助手和参考，同时，我们更要努力成为有创意的小作者，这样才能和 AI 一起创作出更棒的作品！

有趣的是，AI 还能模仿人类写诗作对，甚至尝试编笑话。不过要真正逗笑大家可没那么容易，因为 AI 并不真正理解幽默，只是在学习别人的套路。因此，有时候它的笑话很冷，让人哭笑不得，这也是 AI 目前的局限。

AI 讲故事：电子故事大王

晚上听睡前故事的时候，你能分辨出故事是真人讲述的还是机器阅读的吗？现在有一些 AI 讲故事的应用程序或智能音箱，已经可以根据你的要求自动编故事、讲故事了。比如，你对智能音箱说："讲一个关于小猴子冒险的睡前故事吧。" 几秒后，音箱就会用温柔的声音开始讲述一个全新的小猴子冒险故事，情节起承转合、有模有样，让人听得入迷。

AI 讲故事其实和 AI 写作是亲戚关系，背后用的是类似的 AI 语言模型技术。不同的是，讲故事的 AI 通常会侧重于创造有趣的情节、对话和角色，而且常常配合语音合成，用好听的声音把故

事讲出来。你可能听过一些儿童故事机或手机应用，会根据孩子的名字和喜好定制故事情节。比如，主角的名字可以是你自己，故事也会发生在你熟悉的学校或公园。这些特定的“小彩蛋”就是AI根据用户输入的信息生成的，让故事听起来更贴近你的生活。

AI讲故事最大的特点就是可以互动。你可以一边听故事一边和AI说“换个主角”或“我想决定接下来发生什么”，AI就会按照你的想法调整剧情。它也不会嫌累，想听多少故事都行，AI的“故事库”永远不会枯竭。举例来说，你可以让AI把故事的结局改得更开心一些，它就能重新编一个更圆满的结局出来。这种互动性是传统书本无法做到的。

有了AI故事大王，爸爸妈妈有时候也可以偷个懒，让AI给我们讲新的故事听。不过，AI讲的故事有时情节可能比较平淡，缺少惊喜，甚至因为缺乏常识而闹出“笑话”。比如有一次AI在讲一个动物故事时，竟然说企鹅会飞，逗得听故事的小朋友直笑——原来 AI 一时疏忽犯了常识错误呢！所以我们听故事时还是要保持独立思考。

不仅如此，AI 讲故事的功能还能用于学习。老师可以让 AI 根据课堂内容编出一个有趣的小故事，把知识点藏在故事里。比如，在讲天文知识时，可以让 AI 编一个宇宙探险的故事，讲讲其中的主角用到了哪些科学知识。这样同学们听故事的同时就学到了新知识，寓教于乐，一举两得。将来，AI 甚至可以根据每个小朋友的兴趣，量身定制适合他的学习故事呢！

总的来说，AI 讲故事给我们提供了源源不断的新故事。当我们把书架上的故事书都看腻了，AI 还能编出新鲜的冒险故事让我们体验。当然，人类作家写的故事有深刻的思想和情感，这是 AI 暂时无法企及的。但 AI 可以作为编故事的高手，丰富我们的想象世界。

AI 作曲：AI 小音乐家

除了画画和写故事，AI 还是个“小音乐家”呢！AI 作曲指的是 AI 根据给定的要求（提示词）自动创作音乐旋律或歌曲的能力。想象一下，你想要一段欢快的背景音乐，于是告诉 AI：“帮我创作一首欢快的钢琴曲吧。”不一会儿，一首全新的曲子就生成了，听起来叮叮咚咚，充满了阳光的感觉。这就是 AI 作曲的魅力。

AI 作曲是怎么做到的呢？原理和 AI 写作有点类似。AI 在学习阶段“听”了大量的音乐，把乐谱或者音频数据转化成了自己能理解的模式。比如，不同曲风的节奏和旋律特点、和声进行的规律等，它都会慢慢摸索出来。当我们给它一个指令（提示词），比如“欢快”“悲伤”“古典”“流行”等关键词，它就会从自己的音乐知识库中提取相应风格的元素，组合创作出新的旋律。

有些AI作曲系统还能根据一小段真人创作的旋律续写。比如你哼出一句曲调，AI就能接着你的曲调编完一整首歌。它还能为歌曲自动配上和声和伴奏，就像一个全能的小乐队。

现在已经有音乐家和电子工程师合作，用AI来生成电影配乐、游戏背景音乐了，这大大节省了时间。当然，最后的成品往往还需要人类音乐家来调整润色，毕竟音乐里的情感和灵魂仍然需要由人来赋予。

AI生成的旋律有时也会存在一些问题，比如有点重复、缺少有新意的高潮部分等。这时候就需要人类作曲家来给它“修饰打扮”一番，使旋律更加动听。

有趣的是，有科研团队让AI模仿某位著名音乐家的风格创作曲子，结果创作出来的音乐让人感觉就像是那位音乐家亲自创作的一样，十分惊人！就在不久前，加拿大天鹅绒乐队发布了一首用AI辅助创作的流行歌曲，旋律相当动听，许多听众都表示很喜欢。这说明AI已经开始在音乐创作中崭露头角啦！

对于我们来说，AI作曲可以让创作音乐变得更容易。不会谱曲的人也可以尝试把心中的旋律哼给AI听，请它帮忙完善。一些初学音乐的同学可以用AI来演奏自己写的曲子，看看效果如何，再进行改进。

不过和写作文一样，创作音乐也是一种需要我们投入情感和创造力的艺术，AI只能作为工具辅助。真正打动人心的音乐，还需要人类音乐家的努力。但有了 AI 的帮忙，也许每个人都能更方便地谱出自己的“小夜曲”呢！

如今，AI 已经能够在绘画、写作、讲故事、作曲等创意领域大显身手，为我们带来很多惊喜。现在，AI 根据文字生成几秒短视频的技术也已经出现了。虽然这些 AI 视频还比较粗糙、不够逼真，但随着技术不断进步，以后用 AI 生成一部完整动画电影也未必不可能！未来 ,AI 说不定还能帮助创作动画、设计建筑、发明新玩具呢！

不过，不管 AI 有多聪明，“灵感”和“想象力”这些宝贵的能力始终来自人类自己。AI 是我们的创意伙伴，但不是创意的源头。比如，AI 不会无缘无故地自己决定去画什么画、编什么曲子，只有在人类给出主题或要求（提示词）后，AI 才能发挥本领。毕竟，人类拥有丰富的情感和真正的想象力，这是 AI 所不具备的。AI 可以协助我们实现想法，但创意的火花还得靠我们自己来点燃！

本章练习与思考

PRACTICE AND THINKING

1. 体验创作

如果条件允许，在家长或老师的帮助下体验一种 AIGC 工具。例如，用 AI 绘画软件画一幅画，或者让 AI 写一个小故事。观察 AI 生成的内容是什么样子的，和你自己的创作相比有什么异同（如果不方便使用软件，也可以上网搜索一些 AI 创作的作品来欣赏，或者大胆想象你最想让 AI 帮你创作什么作品）。

2. 作品比较

尝试写一段小诗或画一幅画，然后让 AI 试着创作同样主题的作品。将你的作品和 AI 的作品进行比较，看看 AI 在哪些地方做得很棒，而你的创意又在哪些地方更具独特性。和同学讨论你们的看法。

3. 讨论与思考

你认为 AI 创作出来的东西算不算真正的艺术？为什么？和家人或同学聊一聊，听听大家的观点。想一想，人类和 AI 在创作领域上各自有什么优缺点。

4. 畅想未来

展望未来，你希望 AI 还能在哪些创作领域帮上忙？比如

AI 写歌、AI 剪辑视频、AI 设计游戏关卡等。把你的想象写下来或画出来，说不定未来这些幻想都会成真哦！

第四章

一起编程：教电脑一步步做事

我是机器人，你是程序员

周末的下午，阳光暖洋洋地照进客厅。小明和乐乐玩起了一个有趣的游戏。小明闭上眼睛，假装自己是一台听话的机器人，而乐乐则当“小小程序员”，给机器人下指令。“向前走三步！”乐乐大声说。小明乖乖地往前走了三步。接着，乐乐又喊：“向右转！”小明便立刻向右转。就这样，乐乐不断地发出命令，小明则按照她的每条指令一步步行动。两个孩子玩得不亦乐乎，笑声在房间里回荡。

玩了一会儿后，乐乐决定考验一下“小明机器人”。她在地上放了一只玩具小熊，然后对小明说：“请把小熊捡起来，放到沙发上。”小明听了指令，慢慢向地面摸索过去。可是因为乐乐没有说清楚“小熊具体在哪里”，小明伸手在空荡荡的地板上抓来抓去，却怎么也抓不到。

乐乐拍着手笑了起来：“哎呀，我忘了告诉机器人小熊的位置了！”于是她重新设定指令：“向前走两步，然后弯腰捡起你右脚边的小熊，再直起身、转身，把小熊放到后面的沙发上。”在明确的分步骤指令下，“小明机器人”顺利地完成了任务。

乐乐开心地为自己的“编程”鼓掌，小明也乐在其中。通过这个游戏，他们明白了一个道理：要让机器人（或者电脑）完成任务，就得一步一步告诉它该怎么做，这就是编程的开始。

这个有趣的场景说明了编程的基本思想：用指令让“机器人”一步步完成任务。我们通过这样的游戏发现，电脑就像小明扮演的机器人，只会按照我们给的指令去做事。如果指令不清楚，电脑就会像小明那样不知道怎么做。因此，我们需要把任务拆解成清晰的步骤，一步一步地输入电脑。现在，我们一起来看看，什么是编程，编程又是如何像这样教电脑做事的吧！

什么是编程

刚才乐乐对小明发出口令的行为，其实就像是在编程。编程是什么意思呢？简单来说，编程就是编写程序，让电脑按照我们写的一系列指令去执行任务。有点像写一份特别的“说明书”或“菜谱”，让电脑一步步照着做。

想象一下，如果你想让电脑屏幕上的小猫向前走，你就需要告诉它："向前走一步。"如果想让它再跳一跳，就需要再下一条指令："跳一下。"当我们把许许多多这样的指令按正确的顺序组合起来，就形成了一个程序。通过这个程序，电脑就知道要做什么了。

或许你已经玩过一些简单的编程游戏，比如使用拼图块搭建程序（就像搭积木一样把一块块指令拼起来）。这些指令块可能代表"前进""转弯""播放声音"等。把它们搭好后，按下"开始"按钮，屏幕上的角色就会按照你拼好的顺序行动起来。这就是编程：告诉电脑一步一步该做什么事情。

编程的语言有很多种，有的是用我们日常使用的文字或代码文本来写，有的则是用图形化的"积木块"来拖动。但不管使用哪一种语言，背后都是相同的思想和运行机制：通过指令让电脑明白我们的意图。

对于小学生来说，图形化编程（如 Scratch）是一种很友好的入门编程工具。你不需要真的敲代码，只要动动鼠标，把指令积木搭好，就能“编”出有趣的小故事或小游戏。

等我们长大后，也可以学习用代码文本编写的编程语言，比如 Python、Java 等。它们做的事情其实和拼积木类似：让电脑按照我们的指令行事。

需要注意的是，电脑本身不会“猜”我们的想法。它不像人类那样有常识，也不能领会我们没说出口的意思。编程时，如果我们没有告诉电脑去做某件事，电脑是绝对不会自作主张帮你做的。比如，你让电脑画一只小猫，却没告诉它要不要给小猫画尾巴，那么电脑真的可能画出一只没有尾巴的猫，因为你没下这个指令！因此，编程要求我们非常细心和严谨，把该交代的细节都交代清楚。

总而言之，编程就是教电脑做事的过程。我们把要做的事情分成很多小步骤，按照一定顺序写下来，输入电脑，电脑就会严格地、一丝不苟地执行。电脑执行指令的速度非常快，但它做的只是我们告诉它的那些事情。所以如果我们想让电脑完成一项任务，就必须准确地告诉它每一步该做什么。这听起来是不是既有趣又有挑战呢？

指令与顺序：一步也不能错

在编程中，有两个非常重要的概念：指令和顺序。就像刚才的游戏一样，乐乐必须一条条地下达指令，小明才能一步步地行动。如果漏了一步，或者顺序搞错了，结果可能就不对。

想一想，你早上起床后的准备流程是不是有固定的顺序？

第一步，睁开眼睛。

第二步，下床穿拖鞋。

第三步，去洗手间刷牙、洗脸。

第四步，换上整齐的衣服。

第五步，吃早餐。

第六步，背上书包出门。

如果把以上步骤当作一套指令来执行，那么你必须按照这个顺序来。要是顺序乱了呢？比如还没刷牙就先吃早餐，感觉就怪怪的；又或者背上书包出门了却发现没换衣服，那就糟糕啦！单说穿鞋这件事，你得先穿袜子再穿鞋，而不能先穿鞋再穿袜子，对吧？所以，顺序很重要。电脑执行指令也是一样的道理，每条指令都要按正确的顺序输入，不然电脑也会“犯迷糊”。

我们再来看一个例子：制作三明治（三明治就是夹着蔬菜或肉等食材的面包）。制作三明治的指令可能包括：取两片面包、在面包上涂黄油、放一片生菜、加一片火腿、盖上另一片面包等。

而操作的顺序就决定了三明治的成败。如果你先放生菜再涂黄油，会发生什么？生菜叶子上糊满了黄油，当然不好啦！正确的顺序应该是先涂好面包片，再放生菜和火腿。又比如，你得先把两片面包准备好再夹其他食材，如果最后才去拿面包片，就会手忙脚乱。可见，顺序一乱，做出来的东西就可能“乱七八糟”，和我们最初想要的不一样。

通过制作三明治的例子，我们了解到一项任务的每个步骤（指令）都要安排在恰当的位置。电脑就像一个非常听话但又格外死板的小帮手——你让它做什么，它就做什么，但如果你不给它清晰的步骤，它就不知道接下来要干什么。相反，如果你一步步详细地告诉它行动顺序，它就能组合这些动作并完成复杂的任务。

当我们编写程序时，经常会先列一张“流程清单”或者画一张“流程图”，确保每一步的顺序是对的，然后再让电脑执行。这样做可以避免遗漏步骤或者执行顺序错误。如果发现结果不对，我们就可以回过头检查是不是某个指令出了问题，或者顺序不对，然后再修改。

这种不断调整顺序和指令、直到程序正确运行的过程，也有一个有趣的名字叫调试（Debug）。就好比妈妈做汤时要尝咸淡，淡了要加点盐，咸了要加点水，直到合适为止。编程时调整指令顺序也是这个道理。经过仔细的调试，我们就能让程序按照预期顺利运行。

循环：重复也不麻烦

在我们的生活中，有些事情需要重复做很多次。比如老师让我们做10次跳跃运动，他不会一个一个数给我们听，而是说："跳10下！"我们就会自己连跳10次。同样的道理，在编程中如果有一串动作需要重复多遍，我们也不需要把同样的指令写好多遍，而是可以使用循环结构，让电脑自动重复执行。

什么是循环？打个比方，假如你想让机器人在操场跑5圈。你可以把"跑一圈"的指令写5遍，但更聪明的办法是给它一条循环指令："重复5次：跑一圈。"这样，机器人收到这条指令，就会自己跑一圈又一圈，直到跑满5圈为止。这个"重复5次"的指令，就是一个循环。

再比如，你想打印屏幕上 1 到 10 的数字，可以发出指令：“打印 1，打印 2……打印 10。”可是如果让它打印 1 到 100 呢？写 100 条指令既麻烦又容易出错。用循环指令，我们只要告诉电脑：“从 1 开始，每次加 1，重复打印，直到打印到 10 为止。”

这样就简单多了。如果要改成“打印 1 到 100”，只要把指令中相应的数字改一下就行，根本不用手动写 100 条指令。

循环可以让我们的程序更简洁，也更灵活。想象一下，如果没有循环结构，程序就像要你连跳 100 下需要一下一下地数，多枯燥！有了循环，电脑就能自己数。我们在编程时，要学会发现哪些任务是重复的，然后运用循环指令来解决，这样就不会又累又容易出错了。

需要注意的是，使用循环指令时也要小心。如果没告诉电脑什么时候停止，它可能会一直重复下去，陷入无限循环。比如，你给出“每隔 1 秒问一次‘到了吗？’”的指令，却忘了加上停止的条件，机器人可能就会没完没了地一直问下去，让人哭笑不得。所以写循环指令时，我们一定要规定好循环执行的次数，或者设定好停止的条件，让电脑适时停止重复。

学会逻辑思维：像电脑一样细心

光有指令、顺序和循环还不够，要让电脑真正聪明地完成任务，我们还需要逻辑思维。什么是逻辑思维呢？简单来说，就是有条理地思考和推理，确保每一步操作都合理，遇到不同情况时程序也能正确应对。

回到小明和乐乐的游戏，如果乐乐让小明往前走 20 步再往右转，可是客厅很小，走不了几步就到墙壁了，“小明机器人”会不会撞墙？乐乐需要考虑到：“如果前方一米内有墙壁，那么停止前进。”这其实就是一个逻辑判断。这种“如果……那么……”的思考方式在编程里非常常见，我们将其称为“条件判断”。用程序表示可能像这样：

如果前方有墙壁，那么停止前进；

否则，继续前进。

对于电脑来说，它不会像人一样灵活变通，必须事先把各种情况都告诉它。例如，教机器人走路时要告诉它：“如果红绿灯是红色，就停下；如果是绿色，就通过马路。”只有编程的人预先想到这些情况，并把相应的指令写进程序，电脑才能在不同情况下做出正确的动作。

在这个红绿灯的例子中，我们可以发现逻辑思维让机器人懂得根据不同情况采取不同行动。如果没有逻辑判断，机器人可能会不管红灯绿灯而一直往前，那就危险了！所以，编程时我们要训练自己像计算机那样细心严谨地思考：有哪些可能发生的情况？每种情况下我要电脑做什么？

逻辑思维还包括找出事情之间的因果关系，理清复杂问题的思路。比如，我们想让电脑计算一个数学问题，就要教它先做什么、后做什么，有哪些步骤是重复的，有没有可以循环（重复多次）的部分，有没有某些情况下要做不一样的处理。这些都需要我们动脑筋提前安排好。编程其实就像解谜一样，要提前考虑各种可能性，再一步步推理出解决方案。

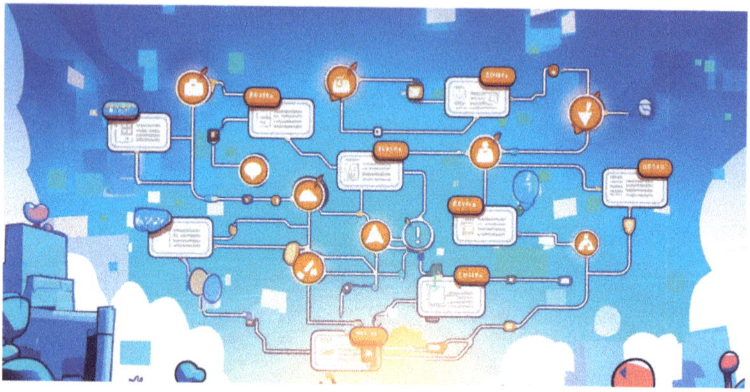

培养逻辑思维就像玩拼图或者解谜语。当你玩拼图时，你会一步步找规律，先拼边角，再拼颜色相近的部分；当你解谜语时，你会根据线索一步步推理答案。编程也是这样，我们要把一个大任务拆解成一个个小问题，然后运用逻辑思维一点点完成每个小目标。每写一条指令，就问问自己："下一步应该干什么？如果发生某种情况怎么办？"这样写出来的程序就会更严谨，也更聪明。

通过以上学习，我们知道要让电脑完成一项任务，编程时需要做到：指令清晰（告诉电脑具体做什么动作）、顺序正确（安排好步骤的先后次序）、巧用循环（处理重复任务）及逻辑严谨（考虑各种情况）。当我们把这些都考虑周全并写进程序后，电脑就能按照我们的设计去完成任务啦！

日常生活中的编程

或许你会想：“我还没真正用电脑写过程序，那编程离我很远吧？”其实并不是！编程的很多思想其实早已融入了我们的日常生活。让我们来看几个生活中的例子。

一、烹饪菜谱

当妈妈在厨房做菜时，常常会看菜谱，上面写着做某道菜的步骤和顺序。这跟程序非常像：菜谱是写给厨师看的指令，程序是写给电脑看的指令。做菜时要按步骤加油、热锅、放菜、调味，编程时我们也要一步步指挥电脑先做什么、后做什么。如果步骤出错，一道菜就可能会做坏。同样，如果程序步骤错了，电脑也可能会给出错误的结果。

二、校园寻宝

你可能玩过寻宝游戏——根据他人给出的线索一步步寻找藏在校园各处的“宝物”。每条线索其实是指令，比如“从大树下向东走 10 步”“找到红色的长椅，在下面看看”等。按照正确的顺序解开所有线索，就能完成任务，找到宝物。这不正是一个程序运行的过程吗？程序每执行一条指令，就会朝着最终目标更进一步，直到完成所有指令，得到结果。

三、练习舞蹈

想象一下，你在学习一支新舞蹈时，老师会把整支舞分解成一个个动作，然后按顺序教给你。先练习第一节拍的动作，再练第二节拍的动作，最后把它们连起来。当你把所有动作串联起来，也就是“编排”好顺序之后，一段优美的舞蹈就完成了。这里老师教舞的过程，就像是在“编程”——将复杂的舞蹈拆成小动作（指令）并按顺序组合。我们跳舞的时候，就像电脑执行程序一样，一个动作接着一个动作，最终跳出完整的舞蹈。

四、地图导航

当你和爸爸妈妈开车出门时，会用手机地图导航。导航软件会根据本次出行的起点和终点，规划出一条路线，然后用语音一步步指示你们怎么走：“先直行 500 米，然后在红绿灯左转，再沿着主路行驶 2 千米……”这些导航指示就像程序的指令序列，引导汽车从出发地到达目的地。如果其中某一步指示错误，走错一个路口，导航还会重新规划路线。这其实也是程序在运行中根据不同情况进行调整的例子。

这些例子说明，不管你有没有用过电脑，你都已经在日常生活中用到了编程的思维。每当你计划做一件事，比如收拾书包、组织一次活动或者解决一道应用题，你都需要先想好步骤，考虑顺序和可能出现的情况，这就是在运用编程思维啦！

学会编程思维有什么好处呢？它可以让我们做事更有条理，遇到问题不慌张，知道怎么一步步拆解问题、解决问题。即使将来不做程序员，这种思维方式也非常有用。比如写作文先列提纲、做手工先想方案，这些都是遇事先规划再动手的好习惯。可以说，编程思维是我们解决问题的好帮手。所以啊，编程并不是遥不可及的高深东西，而是和我们的生活息息相关。只要掌握了这些思考方式，相信你也能像程序员一样，把事情安排得井井有条，甚至编出简单有趣的小程序，为未来更深入的学习打下基础。

编程小窍门

在学习编程思维的过程中，有几个小窍门可以帮助我们更好地给电脑下指令。

一、逐步细化

把一件复杂的事情分解成尽可能简单的小步骤，就像搭乐高积木要一块块地拼一样。不怕步骤多，就怕步骤漏。例如，可以把整理房间拆成捡起地上的玩具、把书本放回书架、把脏衣服放进篮子、扫地等步骤。

二、顺序清晰

想清楚先做什么、后做什么，不要让电脑收到指令后不知所措。可以先在纸上写下步骤，理清楚，再开始编程。就像我们前面列的早晨出门前的准备顺序，顺序对了，事情自然就顺利了。

三、考虑分支

此外，我们还需要考虑各种可能发生的情况。如果事情有不同的可能性，我们就要分别为每种情况设计针对性的指令，就像写“如果……那么……”指令一样。养成未雨绸缪的习惯，编出的程序才能在不同情况下应对自如。

四、善用循环

当发现有动作需要重复时，就可以用循环来简化。不必一条条重复写指令，让电脑自己循环会更高效。例如，如果想让漫画小人连跳 10 次，用循环让它跳 10 次就很好，别傻乎乎写 10 遍“跳一下”哦。

五、多多尝试

编程是非常需要试验和调整的。写完程序测试一下，结果不对就及时调整。这并不奇怪，就算是资深程序员，也要通过不断调试才能让程序完美运行。所以不要怕出错，在错误中学习改进，程序运行一定会越来越好。

掌握了这些窍门，我们在编程时就能更从容。别忘了，电脑可不像人那么聪明，它只会忠实执行你写的每条指令。所以当你反问自己“这还不够详细吗”的时候，再检查一下，也许还可以把步骤交代得更清楚。

现在，你已经了解编程的基本概念和思维方式了，可以试着用这些方法去指导电脑，或者在生活中练习有序地安排事情。下一章，我们将看到更神奇的事情：有些时候，不用事先告诉电脑每一步怎么做，它也能自己学会本领！那就是机器学习的魔法啦。

本章练习与思考

PRACTICE AND THINKING

1. 指令大挑战

找一个小伙伴，你们一人当“机器人”，另一人当“程序员”，设计一条路线或者一个任务，让“机器人”闭着眼睛听指令完成。例如，在地上摆几个障碍，让“机器人”绕过它们去拿一件物品。挑战过程中，你会发现哪些指令需要改进。试试看能否不漏步骤、不出错地完成任务。

2. 生活步骤分解

选择你每天都会做的一件事情，比如系鞋带、从教室回家，或者刷牙洗脸。拿出纸和笔，把这件事的整个过程分解成一个个按顺序排列的步骤并写下来。之后，检查这些步骤是否清晰、完整，顺序有没有需要调整的地方。如果可以的话，让家人或同学严格按照你写的步骤去做，看是否有不顺畅的地方。这会帮助你体会编程时制定顺序的重要性。

3. 逻辑判断游戏

想一想，你在生活中遇到过哪些“如果……那么……”的情况？例如，“如果明天下雨，那么就要带雨伞。”试着列出三个这样的例子，并说说当“条件”变化时，你需要采取的不同行动分别是什么。这就练习了考虑不同情况的逻辑思维。你也可以把这些条件和行动写成类似程序的格式玩一玩哦！

4. 发现身边的编程

留心观察你身边的电子设备，例如微波炉、洗衣机、自动售货机等。想一想，它们各自执行了哪些预先编好的“程序”？比如微波炉按下启动键后会依次做什么（如转动、加热、倒计时、响铃提示完成），自动售货机收到硬币和按钮指令后怎样按照顺序把指定的饮料推出来。把你观察到的流程用自己的话描述出来，这也是在练习编程思考能力。

动手试试看吧！通过这些有趣的练习，你一定能更深刻地体会编程中指令、顺序、循环和逻辑的重要性。说不定，你已经开始成为生活中的“小小程序员”啦！

第五章

机器怎么学本领

电脑猜画游戏

“哇，电脑真的猜出来了！”教室里传出一阵惊叹声。信息技术课上，王老师带来了一个有趣的“猜画游戏”程序。同学们在平板电脑上随意画出简单的图画，如一只猫、一辆自行车或一棵树，电脑程序就会根据孩子们的画猜出他们画的是什么。

乐乐在屏幕上画了一个圆圆的笑脸，还没等她画完，电脑就用语音说出了答案：“我猜这是一个笑脸！”乐乐惊讶地睁大了眼睛：“电脑怎么这么聪明，我才画了几笔它就看出来了！”轮到小明上场，他画的是一只猫咪。他刚画出尖尖的猫耳朵，电脑马上说：“这是在画一只猫。”小明高兴得差点跳起来：“对对对！我就是在画猫！”同学们纷纷尝试，电脑的猜测几乎次次都对，大家又惊奇又开心。

游戏结束后，王老师问大家：“你们知道电脑为什么每次都能猜出你们画的东西是什么吗？”小朋友们你看看我，我看看你，都摇摇头表示不知道。老师笑了笑，揭示了答案：“因为这个程序让电脑学会了识别各种图画，它看过成千上万张类似的图片，所以现在只要一看到你们画的几笔，就能根据经验猜出来。”

同学们听得一头雾水：电脑是怎么“看过”那么多图片的？电脑又是怎么“学习”经验的呢？别急，接下来我们就一起来探索，看看机器是怎样学本领的。

这个有趣的课堂场景让我们见识到了电脑猜图的本领。它就像一个会读心术的魔术师，只需瞄几眼孩子们的涂鸦，就能脱口说出答案。然而，这并不是魔法，而是 AI 中的机器学习技术在发挥作用。简单来说，机器学习就是让电脑通过大量的“学习材料”来自主学会技能。就像我们上学要看课本、做练习题一样，电脑要学习，也需要“课本”和“练习题”——这些就是我们“喂”给电脑的大量数据。接下来，我们将一步步揭开机器学习的神秘面纱。

什么是机器学习

如果说编程是事先给电脑写好每一步该怎么做，那么机器学习就是让电脑自己总结怎么做。也就是说，我们并不直接告诉电脑解决问题的步骤，而是给它很多资料，让它从中找出规律，然后利用这些规律去处理新遇到的情况。

举个例子，在课堂上电脑之所以能够认出同学们的涂鸦，是因为它“看过”非常多的图画练习。当我们把大量画着猫的图片给电脑看，并告诉它“这些都是猫”，电脑就会开始总结“猫”这种动物在图片里的共同特征。比如，它可能发现：大多数猫都有尖尖的耳朵、圆圆的脸、细长的胡子。当以后再看到一幅画上有这些特征时，电脑就会猜：“嗯，这应该是一只猫。”这有点像我们自己学东西的过程：当你看了很多张猫的照片，你也能抓住“猫有什么特征”，以后看到类似的照片就能认出来。

那么，电脑具体是怎么“学习”的呢？这背后其实是数学计算在帮忙。电脑把图片这类资料用它能理解的方式表示出来（比如每个像素点的颜色值等），然后通过一种算法不断尝试去提炼出判断的规则。每当它看完一张标注着“猫”的图片，就相当于老师告诉它一次：“瞧，这就是猫的样子。”成千上万次练习之后，电脑就会建起了一个关于“猫”的模型。当再给它一张没见过的猫的图片时，这个模型就派上用场了：它会迅速比对这张新图片和自己记忆中猫的特征是否吻合，如果吻合就输出“这是猫”。整个过程听起来很神奇，但其实和我们人类根据经验识别事物的过程非常相似，只不过电脑是用更快的速度和完全不同的形式（数字计算）来完成而已。

机器学习不仅能用在识别图片上，还可以用在很多方面。比如，让电脑听声音——给它成千上万段录好的语音和对应的文字稿，它就能听懂语音里的文字；又比如，让电脑下围棋——让它看大量棋谱甚至和自己对弈成千上万盘，它就能摸索出高明的下棋策略。总之，机器学习就是通过大量数据来训练电脑，让电脑自己学到本领。

用数据训练电脑

对于机器来说，数据就是它的“老师”和“教材”。想让电脑学会一种本领，我们首先要做的，就是准备大量相关的数据来训练它。这些数据可以是图片、声音、文字、数字表格……采用什么形式的数据取决于我们想让电脑学什么。

还记得前面猜画游戏的例子吗？为了让电脑学会认图，我们需要先让它“看”很多画好的图形，并且告诉它每种图形表示的是什么。这就像老师教小朋友认字母卡片一样，一边指着印有“A”的卡片一边说“这是字母 A”，多看几次小朋友们就记住“A”长什么样了。电脑也是类似，给它海量的带标签数据（比如在图片上标明这是猫、这是自行车），它就会在不断“看图—得知答案”的过程中一点点调整自己的内部模型，从而让自己将图和正确标签相对应的能力越来越强。

我们把这种需要正确答案来辅导电脑学习的方法叫作监督学习。监督学习就好比上课时老师手把手教学生——每张图都告诉电脑正确答案是什么，电脑根据反馈不断改进。这需要非常多的例题让电脑练习。幸运的是，电脑的处理速度很快，可以在短时间内看完几百万张图。但即便如此，准备这些海量的训练数据也是一项大工程，需要很多人去收集、整理并标注数据，告诉电脑哪张图是什么东西。

当数据准备好后，电脑的训练就开始了。它会一张张读入图片，试着用自己的算法猜这是什么，然后和我们提供的正确答案进行对比。如果猜错了，就调整自己的算法，让下次猜得更准；

猜对了，就加强这种判断方式。这个过程会一直重复，直到电脑把所有训练图片都过了一遍。为了达到好的效果，电脑可能需要用这些图片练习很多轮次。就像我们背单词一遍记不住要多背几遍一样，电脑也需要多轮训练来巩固所学内容。

在用数据训练电脑识别猫的过程中，大量猫咪图片就是电脑的“教材”和“练习题”，每张图片上都标明了正确答案（猫）。电脑就像学生一样，一张一张地学习。当它看了足够多的例子后，就在脑海里总结出了一个关于“猫”的特征模式：比如猫通常有什么样的耳朵、眼睛、身体轮廓等。当出现一张新图让它来认时，它就会把这张图与自己记住的猫的特征进行对比。如果匹配得上，它就会说“这是一只猫”。这种通过反复练习掌握知识的过程，其实就是电脑在“用数据学习”。

当然，训练数据不光要多，还要尽可能全面和准确。如果给电脑看的猫的图片全都是白色的猫，那电脑可能会以为“猫必须

是白色的”。如果遇到一只黑猫，它也许就认不出来了。又或者，如果有人不小心把一些狗的照片错标成了“猫”并给电脑看，电脑可能会学到错误的特征，以为“凡是有四条腿的动物都是猫”，那就闹笑话了。所以，我们在准备训练数据时，要确保数据是多样且正确的，这样电脑才能学到真正有用的本领。

让机器发现模式

当电脑有了大量数据做基础，它接下来要做的就是从数据中找规律。所谓找规律，其实就是寻找那些可以帮助它做判断的特征和模式。对于人类来说，这经常是下意识进行的：比如我们看见一只鸟，大脑会注意到“翅膀”“羽毛”这些特征，于是判断出那是只鸟，而电脑则需要通过计算才能做到类似的事情。

以识别猫为例，电脑在分析大量猫的图片后，可能抓住了一些关键特征：尖耳朵、长胡须、毛茸茸的圆脸等。这些就是猫这个类别的一部分模式。有些模式很明显，比如“猫通常有两只耳朵”，有些模式则可能比较复杂，需要结合多种特征一起判断。机器学习的算法通常会尝试各种可能的组合，来看看哪些特征最能区分猫和其他东西。这个过程有点像拼拼图——电脑把各个细节特征拼起来，努力拼成一幅能代表“猫”的完整图景。

当电脑找到了有用的模式后，遇到新东西时它就会进行模式匹配。就是说，它会看新图片有没有符合它记住的那些特征。如果大部分都符合，比如有尖耳朵、长胡须，那八成就是猫，于是它就输出“猫”。如果很多特征都对不上，比如图片里的东西长着大象的鼻子，那肯定就不是猫了。

值得一提的是，电脑找的规律有时候可能很奇怪，不像人想的那样。比如，人识别猫会看耳朵和胡子，但电脑也许会发现“背景里有猫爪抓过的沙发”这种我们觉得不靠谱的关联。这就是为什么我们要确保训练数据多样且算法设计合理，避免电脑学到错误的模式。毕竟，电脑自己不懂常识，只会基于数据做判断，一不小心可能就会“以偏概全”。

模式识别这个词就是指让电脑通过学习大量例子，来识别出事物的规律和类别。除了图像识别，还有很多属于模式识别的应用，如语音识别（找出声音信号和文字的对应模式）、垃圾邮件过滤（根据邮件的词语模式判断是不是垃圾邮件）、医学诊断（通过病人的症状数据模式来判断可能存在的疾病）。这些应用背后的原理相似，都是先让机器学会某种模式，再用这个模式去分类或预测新的东西。

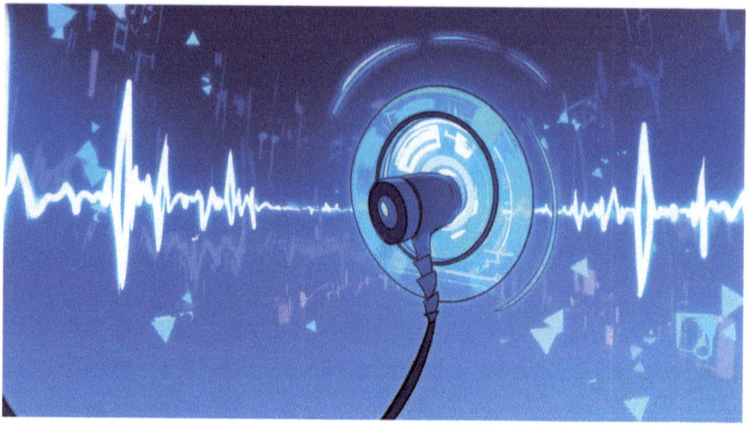

总而言之，让机器发现模式，是机器学习的核心所在。当电脑掌握了模式，它就不再局限于死记硬背具体的训练例子，而是能够举一反三，去应对变化多端的新情况。这有点像我们考试前做了很多习题，考试时即使遇到没见过的题，也可以运用学过的知识举一反三地进行解答。同样地，电脑找到模式后，就算给它一张从没见过的猫的画，它依然能认出那是猫，因为那幅画符合它所掌握的“猫的模式”。

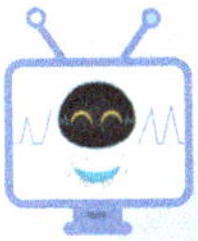

不断尝试，越练越聪明

机器学习的另一个关键在于不断尝试和反馈改进。电脑不像人有直觉，很多时候得靠“试错”才能慢慢变聪明。这种通过不断尝试来学习的方式，让机器像个小孩一样，跌倒了再爬起来，在失败中总结经验。

举个例子，在一些游戏 AI 的训练中，开发者会让电脑反复去玩那个游戏。一开始，电脑什么都不会，可能一直输。但是每输一次，它都会分析：“我刚才哪里做得不好？”然后调整下一次玩的策略。就这样玩了成千上万次，电脑会越来越擅长玩这款游戏，最后甚至能超过人类玩家的成绩。这就像我们练习投篮，如果总是投不进篮筐，我们就会想办法调整姿势和力度，多练习几次后，总能找准感觉，提高命中率。

还有一种机器学习方法叫强化学习，就是让电脑在“试错”中不断进步。它的原理和训练小狗有点像：当小狗做对了动作，我们就奖励它一块小饼干；做错了，我们就不给它奖励。电脑在强化学习中也有“奖励”，不过是用数字表示的分数。它做了一步操作后，如果结果朝着好的方向发展，就相当于得到了奖励分，它就会倾向于多做这样的操作；如果结果不好，分数降低，它下次就会尽量避免这样的操作。在这种机制驱动下，电脑会像小狗为了得到饼干那样，努力找出一系列能拿高分的行为策略。经过无数次尝试和调整，电脑最终能学会在当前环境下采取最优的策略来进行操作。

通过下面这个练习投篮的机器人形象，我们可以直观地看到“不断尝试”是如何让机器变得越来越聪明的。机器人起初投篮

总是失手，地上掉了一堆球，但它每投歪一次，就调整一点投篮的角度和力度。一次又一次尝试之后，它终于投进了！这就是机器通过试错来取得成功的过程。对于电脑程序来说，每一次尝试都是一次学习的机会：它会根据结果好坏来加强或削弱某种行为模式。久而久之，正确的动作被保留下来，错误的尝试被舍弃，电脑就这样进步了。

需要注意的是，机器的“尝试”往往发生在虚拟的计算中，而不像我们真的要练习很多次投篮。比如，自动驾驶汽车的AI不会直接开真实的车去路上练习，它们通常会在计算机模拟的虚拟道路上进行千万次的试验学习，这样既安全又高效。当AI在模拟环境中学得差不多了，再拿到现实中来用，我们就会觉得：“哇，它怎么一下子就学会了开车！”但其实在我们看不见的地方，它已经虚拟练习无数次了。

通过不断尝试和练习，机器可以掌握非常复杂的技能。AlphaGo就是一个著名的例子，它通过和自己对弈上百万次，对围棋的棋局模式和策略进行了深度学习，最终打败了当时的世界冠军。这种通过自我对弈（自我尝试）来提升棋艺的方式，是人类棋手很难做到的，但机器可以不知疲倦地勤学苦练，最终达到令人惊叹的地步。

日常生活中的学习类比

其实，机器的学习过程与人类的学习过程有不少相似之处。看看这些生活中的例子，你会在其中发现机器学习的影子。

一、婴儿学说话

小婴儿不会说话时，只能咿咿呀呀地发声。但在听了爸爸妈妈讲的成千上万句话之后，婴儿开始模仿发音，慢慢说出有意义的词语。这个过程中，婴儿并没有接触“语言教程”，完全是凭借大量听到的声音（数据）来摸索语言的规律。这有点像机器的无师自通学习——大量“输入”之后，输出就逐渐变准确了。当然，人类宝宝还有大人的纠正和鼓励，这相当于在学习过程中提供了反馈，让他们学得更好、更快。

二、学骑自行车

大多数小朋友学骑自行车时，都免不了摔上几跤。但是每摔一次跤，你就会总结经验，如“下次转弯别压太低”或“这个速度下要保持身体平衡”等。经过不断尝试，你终于学会了骑车。这和机器通过试错学会本领几乎是一样的道理——失败乃成功之母，每次错误都是在帮我们找到正确的方法。

三、训练小狗

如果你家里养过小狗，你一定知道，教它学会听懂“握手”“坐下”等指令需要不断训练。每当小狗按照口令做对了动作，你就会摸摸它、奖励它零食；做错了就会轻轻说“不对”，不给奖励。慢慢地，小狗明白了“对”和“错”的区别，就会努力去做对。这和机器学习中的“奖励机制”非常类似。机器在学习过程中也需要“奖励”和“惩罚”信号，从而知道哪种行为更优。可以说，你在训练小狗的时候，其实就是在扮演狗狗的机器学习教练呢！

四、刷题和考试

我们平时会做很多练习题，其实也是在为考试“训练模型”。做题时遇到不会的，老师讲解就是在“监督学习”——告诉你正确解法。做错题时你会订正，避免下次犯同样的错误，这就有点像“调试算法”。考试时碰到新题，如果你练习充分，就能举一反三找到解法——这和机器找到模式后应对新问题的方法如出一辙。如果平时训练题型不全面，考试遇到偏题、怪题可能就蒙了，这就像电脑训练数据偏少、偏差导致遇到新情况时出错一样。可见，不论是人还是机器，充分而正确的训练都是学好本领的关键。

通过这些类比，我们发现机器学习并不是什么神秘的魔法。它和人类学习在原理上有很多相通之处：多看、多练、多总结、从错误中改进。我们用这些好习惯来学习数学、语文，机器则用它们学习识别、决策，同样有效。不过，人和机器也有很大的不同：人有创造力和情感，能够灵活且广泛地学习很多东西；而机器目前通常仅在特定领域内具备高超能力。比如，下棋的AI不会写诗，识别猫的程序不会开车。机器学习虽然厉害，但它学到的本领基本都局限在特定任务上，而且非常依赖我们提供的数据和设定的算法。所以啊，AI很强大，但它离不开人类的精心培养和指导。

机器学习小窍门

最后，我们来总结一下机器学习的几个要点，用简单的小窍门记下来。

一、数据多多益善

机器学习最重要的就是数据。训练资料越丰富，电脑见识就越广，越有可能学得准确。就像你英语单词背得越多，阅读英文文章就越容易一样。

二、正确的示范

给机器的训练例子要正确、有代表性。坏的数据会教出坏的AI，所以我们要当心，不要拿错误的或片面的资料去训练它。好比学唱歌时，如果老师教错了曲调，学生肯定唱不准。

三、寻找规律

机器会自己从数据中找特征和规律，我们在训练时也要引导它抓住关键点。我们可以通过调整算法，让电脑更关注重要的特征。例如，在图像识别中，可以让机器更多地关注形状轮廓，而不是背景信息。

四、勇于试错

不管是机器还是我们自己，都需要通过不断试错来进步。不要害怕出错，关键是要从错误中学习。机器在训练中不断调整参数，其实就是在试错中寻找最优方案。我们人类也一样，失败了总结经验，才能越来越好。

五、循序渐进

机器学习通常从简单的模型开始训练，之后再逐步提高难度和复杂度。对于人类学习也是一样，先学基础再学进阶，打好基础才能事半功倍。训练 AI 时也是如此，慢慢扩大它学习的范围、增加难度，才能让它不断适应和提高。

掌握了这些窍门，我们就能更好地理解和运用机器学习了。要记住，机器学习是强大的工具，但只有在好数据和好方法的指引下，机器才能学到真正有用的本领。未来，你们也许会用这些原理，教会机器人做更多神奇的事情。

本章练习与思考

PRACTICE AND THINKING

1. 图案分类游戏

找一找家里或教室里的各种小物品（比如彩色积木块、不同形状的纸片等），把它们混在一起。现在，你来扮演“模式识别”程序，对这些杂乱的物品进行分类整理。你可以选择一个特征，如颜色、形状或大小，将物品按照这个特征分成几类放好。例如，先按颜色分，红色的一堆、蓝色的一堆；再按形状分，正方形的一堆、圆形的一堆。分类完成后，想一想：你是根据什么特征来分类的？这些特征是不是容易分辨？如果换一种特征（比如从按颜色分改为按大小分），结果会怎样？通过这个活动，你体验了寻找模式和分类的过程，这和机器学习中的模式识别是不是很像呢？

2. 试错投篮

拿一个小纸篓当篮筐，揉几张纸当球，来做一个投篮练习游戏吧！先站在离纸篓两三米远的地方投纸球，一开始可能很难投进。但是别气馁，想一想每次投偏的原因：是力度不够还是角度不对？调整一下，再试一次。记录下你投了多少次才投进第一个球，然后继续练习，通过不断尝试和调整，你的命中率是不是提高了呢？这就是在模拟强化学习的过程：不断根据反馈（投进或没投进）来调整策略，表现会越来越好。想象一下，如果是一个机器人在练习投篮，而且它可以在短时间内投成千上万次，你觉得它最后会变得多厉害？

3. 身边的 AI

留意观察你周围有哪些应用了机器学习的 AI“小助手”。比如，手机里的语音助手能听懂你的指令，它是如何学会理解人类语言的？视频网站会给你推荐你可能喜欢看的动画片，它又是怎么猜到你的喜好的？还有人脸识别的门禁、会自动分类整理照片的相册 App 等。选择一个你感兴趣的 AI 应用，和家人或老师聊一聊，了解这个应用背后可能用了哪些数据来训练，它是如何根据模式来工作的。有条件的话，你甚至可以上网查一查相关的科普资料。当你搞明白其中的奥秘时，你会发现原来这些看似神奇的功能，都是机器学习在背后默默努力的结果。尝试用自己学到的知识来解释这些现象吧！

动手试试看吧！通过这些有趣的练习，你一定能更深刻地体会机器学习中“数据训练”“模式识别”“不断尝试”的重要性。说不定，你还能发现更多机器学习的奥秘，成为一个爱观察、爱思考的“小小 AI 探索者”呢！

第六章

AI 的大脑：人工神经网络

小兔机器人的识图比赛

周末，科技馆里举办了一场有趣的机器人识图比赛。小明和欣欣兴致勃勃地围在舞台前，看机器人选手们各显神通。只见台上站着一位特别的参赛者——一只白色的小兔机器人，模样可爱极了。它头上长长的天线“耳朵”不停转动，显得既紧张又兴奋。主持人举起一张卡片，上面画着一个笑脸，然后他大声说：“请参赛机器人判断，这是什么图形！”小兔机器人的眼睛闪了闪，开始认真“思考”起来。

此刻，小兔机器人的“大脑”里热闹非凡！原来，在它的电子大脑的深处，住着成千上万名小小的“神经元”助手。这些“小神经元”就像一支训练有素的团队，各自忙碌地工作着：前排的一些神经元拿着放大镜，专门检查图形的颜色；中间的一些神经元拿着尺子，仔细测量图形的线条和形状；后排还有一些神经元负责综合此前收集的线索。它们你一言我一语地交流着信息，好像在开一个紧急会议。“我看到红色！”“这里有两条短线，像眼睛！”“我这边有一个圆弧的部分！”……每个“小神经元”都报告着自己发现的细节。

经过层层传递和讨论，小兔机器人的大脑里渐渐有了答案。最后排的“神经元”领袖举起信号旗，大声宣布：“综合大家的意见，这个图形是——红色的笑脸！” 就在这一瞬间，小兔机器人的眼睛开始闪光，冲着麦克风用清脆的声音回答：“这是一个红色的笑脸！”

台下顿时响起了热烈的掌声和欢呼声。小兔机器人开心地摇动耳朵。

主持人也夸奖道：“回答正确！太厉害了！”

观赛的小明和欣欣瞪大了眼睛，既惊讶又好奇：小兔机器人是怎么做到这么聪明的呢？别着急，它的秘密就是——AI的“大脑”神经网络在发挥作用！

什么是人工神经网络

看到这里，你一定很好奇小兔机器人脑袋里的“神经元”到底是什么吧？其实，这是一个受我们人脑启发制造出来的“秘密武器”！我们的大脑里有无数神经细胞（神经元）互相连接，分工合作来处理信息，让我们能够思考和识别周边的世界。科学家们受到启发，发明了人工神经元，并把成千上万的人工神经元连接起来，形成了人工神经网络。因为它模仿了大脑的构造和工作方式，所以也是一种仿生学的成果，就好像在电脑中造出了一个简化版的“电子大脑”。

那人工神经元究竟长什么样，又是怎么工作的呢？我们可以把人工神经元想象成一个小小的灯泡或开关：当它从别的神经元那里收到足够强的信号时，“灯泡”就会亮起，表示它被激活了，并把信号传给下一个神经元。一个人工神经元本身并不聪明，只会做出简单的反应，就像接到电话的接线员，只负责转接信号。但是当有成千上万这样的人工神经元手拉手连成网络时，情况就大不一样啦！它们就像一个大型团队，每个成员的小行动汇聚成大智慧，让它们能够一起完成非常复杂的任务。

人工神经网络通常有着一层一层的结构，就像分级排列的团队，这叫作层次结构。

第一层的许多神经元负责接收原始信息，比如图像里每个像素点的亮度、颜色等最基本的元素。

接下来，第二层的神经元会接收第一层传来的信号，负责辨认简单的图形特征，比如直线、圆圈、颜色块。

再往后的第三层神经元收到前一层判断的结果，开始将特征组合成更复杂的部件，例如，把几条线组合起来，判断出一个字母“A”的形状。

一层一层逐级分析，高层神经元会综合所有信息，得出最终的判断结果（如“这是小明的笑脸照片”或“图上是一只小猫”）。这样分工协作的层层处理，好比侦探破案：底层侦探寻找线索，中层侦探整理线索，高层侦探推理真相，最后整个侦探团队一起破解了谜题。

因为有了这种层次分明的团队协作，人工神经网络变得非常强大。当这种网络的层数特别多、结构特别深的时候，我们就称它为深度神经网络，而利用深度神经网络来让AI学习本领的技术，就叫作深度学习。简单来说，深度学习就是通过搭建很多层的神经网络，让电脑像人一样从大量数据中逐层学习规律。本书后面要介绍的会听、会看的AI“小魔法师”们（如会认人脸、会翻译的机器人），背后都是这样的深度神经网络在默默地发挥作用。

当然，人工神经网络并不是一天就能练成这么聪明的。在上一章我们知道了，AI需要通过大量练习数据来训练自己。对于神经网络来说，训练的过程就像调整大脑内无数小神经元之间的连接：哪些信号重要、哪些可以忽略，连接要强还是要弱，都需要通过一遍遍的学习来“调教”。神经网络在不断练习并调整后，就会越来越擅长完成任务。

例如，小兔机器人之所以能在比赛中识别出图形，是因为它的大脑——也就是内部的神经网络——提前看过成千上万张不同的图形并进行了训练，所以它在比赛时才能又快又准地做出判断。

总结一下，神经网络就是 AI 的“大脑”，由许许多多简单的人工神经元构成，通过层层合作来处理信息。它是人类仿照自己大脑发明的，让机器也能有一点点类似人脑的智慧。别看每个人工神经元只会做简单的事，但只要它们抱团组成网络，就能爆发出惊人的力量，帮助 AI 完成各种神奇的任务。

本章练习与思考

PRACTICE AND THINKING

1. 画一个神经网络

准备好纸和彩色笔，动手画一张简单的“AI 大脑”示意图吧！先画出几个小圆圈代表人工神经元，可以分三层排列：第一层画三个圆圈表示“输入层”，第二层画四个圆圈表示“隐藏层”，第三层画两个圆圈表示“输出层”。用直线将不同层的圆圈连接起来，就像神经元之间牵着的“手”。现在给不同层的神经元涂上不同颜色，比如输入层涂红色、隐藏层涂蓝色、输出层涂绿色。

想一想信息在这个网络中的传递路径：你可以假设输入层接收到的是一道数学题或一张图片，然后箭头依次指向下一层，表示信息一层层被“理解”和处理，最终在输出层给出答案。

2. 想一想

我们把人工神经网络称作仿生学的产物，是因为它模仿了人脑的结构。你还知道生活中哪些发明是模仿大自然或人体的吗？例如，雷达是模仿蝙蝠和海豚的回声定位原理发明的，机器人的关节设计常常模仿人类或其他动物的关节。大胆说一说你知道的其他例子，看看大自然是怎样启发我们人类创造新科技的。

动手试试看吧！通过这些有趣的练习，你一定能对神经网络中人工神经元协作、层次结构分工及仿生学智慧的奥秘有更深的理解。说不定，你还会产生更多奇妙的联想和问题，逐渐成长为一位爱动脑筋、爱探索的“小小 AI 科学家”。

第七章

AI语言魔法师：会说话的机器人

魔法对话的开场

看完图形识别比赛的小明和欣欣意犹未尽，跟着人流来到另一处热闹的展区。在这个展区，小明和欣欣听到旁边传来欢快的声音："大家好啊！有什么想问我的？"循声望去，只见展台上站着一个可爱的机器人，它挥舞着机械手臂，正和围观的小朋友们聊天呢。主持人笑着说："这位是 AI 语言魔法师！它最大的本领就是能听懂人话，跟大家对话。"

欣欣凑过去问："机器人，你真的什么都听得懂吗？"

机器人眨眨眼："你可以试试哦！有任何问题都可以问我。"

小朋友们开始七嘴八舌地提问。一个小男孩抢先问："现在几点了？"

机器人立刻回答："现在是下午 3 点整。"

一个女孩问："你会唱歌吗？"

机器人愉快地说："当然，我可以唱《小星星》给你听。"

说完，机器人真的哼起了旋律，逗得大家哈哈笑。大家听得又惊又喜。这个机器人说话和唱歌的声音居然这么生动，一点也不像传统机器那样冰冷单调，听起来就像一个有感情的人在唱歌。

小明心想：这声音是怎么发出来的呢？

轮到小明提问了，他想了想，问了一个很难的问题："天上有多少颗星星？"这么刁钻的问题，连大人都答不出，机器人却不慌不忙地回答："这个问题很有趣。天空中有数千亿颗恒星，人眼能看到的只有几千颗。当然啦，没有人能准确数清，不过科学家估计我们的银河系里大约有 1000 亿到 4000 亿颗恒星！"它的回答头头是道，大家都听得入迷了。

"小明，它真的听懂了你的问题哎，而且知道这么多！"欣欣惊叹道。小明连连点头，觉得这个语言魔法师真厉害。机器人笑着对他们说："其实啊，我并不是真的什么都懂，只是我学过很多很多知识，能把知识用人类的语言表达出来。你们想知道我会听和会说的秘密吗？"孩子们齐声回答："想！"于是，AI 语言魔法师准备揭开自己的魔法面纱。

听懂人话：语音识别的魔法

机器人问小朋友们："大家猜猜，你们说的话我是怎么听懂的呢？"

欣欣猜测："你有耳朵吗？"

机器人指了指自己头部的一对小孔："这算是我的'耳朵'，里面有麦克风，能够接收声音。当你们说话时，声音是一种振动的波。我会把这些声音信号记录下来，变成一串数据。"

原来，人类说话的声音可以用波形来表示，机器接收到你的声音，就相当于得到了那条"波形曲线"。但光有波形还不够，机器人接着说："接下来，我需要把这一连串声音转成文字。这个本领就叫语音识别。"

什么是语音识别呢？机器人解释道：“简单来说，就是听声音、分辨出每个词语。比如当你对我说‘现在几点了’，我的程序会分析声音的频率和特征，把它分割成类似‘现在’‘几点’‘了’这样的词，然后根据我学过的发音特征库，判断出你说的每个词对应的文字。”

小明好奇地问："那你怎么学会分辨声音的？"

机器人回答："就像你们小时候学说话，需要听很多人说，然后模仿和记忆。我的语音识别系统也是听了成千上万段语音、看了它们对应的文字练习出来的。科学家会给我大量录音，每段录音都有正确的文字文本，我反复训练自己去匹配声音和文字。久而久之，我听到'猫'这个声音，就能认出是'猫'这个字，因为我以前听过成千上万次'猫'的发音和它的声音特点。"

语音识别的过程可以分成几个主要步骤。

第一步，声音采集。通过麦克风获取声音信号，并进行降噪处理，去掉背景杂音，让声音更清晰。

第二步，特征提取。把声音波形转换成计算机能分析的特征。例如，每 0.01 秒的音频包含哪些频率成分、能量如何，这些特征就像声音的“指纹”。

第三步，声学模型匹配。将提取到的特征和已有的声音模型做比较，猜测这段声音可能是哪几个字或词的发音。就像听到“ma”，可能是“妈”或“马”，需要结合后面的声音判断到底是哪个字。

第四步，语言模型理解。考虑整句话的合理性，最终确定识别结果。比如听到“现在几点了”时，不会识别成“现在几店了”，因为“几点”在这种问句里更有意义。

第五步，输出文字。综合以上步骤，得到最后的文字识别结果：“现在几点了？”

通过这些步骤，机器就把声音转换成了文字。“虽然说起来步骤很多，但这一切都发生在电光石火之间哦！”机器人眨眨眼说道。小朋友们觉得很神奇：我们的声音居然能被机器变成文字，它就真的“听懂”我们说的话了。

不过机器人也坦言：“有时候我也会听错哦。如果你的声音太小或者说话含糊不清，机器就可能把词听错。例如，有人对着语音助手说‘播放流行音乐’，结果它听成了‘播放刘勤音乐’，闹了笑话。”

欣欣咯咯笑起来：“对呀，我爸爸对着手机说‘导航去人民公园’，它曾经听成‘导航去人民商场’呢！”大家笑成一团。

机器人继续说：“我们也在不断改进，让语音识别更准确。相信以后我会变得越来越聪明，听错的情况会越来越少。”

机器人又补充道："对了，其实要是你不方便说话，也可以用键盘打字跟我交流哦。像有些 AI 聊天机器人（如 DeepSeek）就是用文字来对话的，对它们来说就不需要语音识别这一步了，直接看你打的字就行啦！"

理解语言：让机器读懂文字的意思

当声音变成了文字，下一个挑战就是理解这些文字到底是什么意思。机器人说："其实，我把你的话转换成文字后，还要分析你的意图。这属于自然语言处理 (Natural Language Processing) 的一部分。自然语言处理就是让机器能够读懂我们人类语言的技术，包括理解单词、句子及整段话的含义。"

小明问："那你是怎么理解的呢？比如我刚才问你天上有多少颗星星，你怎么知道我在问星星的数量？"

机器人回答："嗯，这是一个复杂的过程，我尽量简单说哦！首先，我会把句子拆分成词语和短语。就像我们上语文课做的语法分析一样。对于'天上有多少颗星星'这句话，我识别出主语是'星星'，'多少'表示询问数量。我还考虑上下文和常识——天上的星星通常指夜空中的恒星，最终判断出你可能是在问宇宙里的星星数量。"

原来，AI 理解句子，也要用到语法知识和常识判断。机器人继续解释：“科学家让我阅读了大量文章和对话，通过训练，我学会了‘多少’通常是在问数量，‘星星’和‘数量’相关联，就推断这是在问星星的数量。类似地，如果句子里有‘为什么’，我就知道你在问原因；有‘怎么样’，多半是在问方式或感觉。”

自然语言处理还包括语义理解。有些句子的表面意思和真正意思可能不一样，例如，有人说“这道题简单得很”（其实可能很难），或者用成语“九牛一毛”，AI 需要结合上下文才能明白真实含义。所以科学家也给 AI 看了很多例子，教它常见的表达方式。

机器人举了个例子：“当你们在聊天时，如果一个人突然说‘好冷啊’，另一个人可能会回答‘我把窗户关上吧’。这里，第二个人其实是理解了第一个人是在暗示需要关上窗户。所以 AI 对话时也需要考虑这些隐藏的信息。”

欣欣瞪大眼睛：“机器人也能听出这种‘言外之意’吗？”

机器人笑道：“嗯，非常困难，但我们在努力。我现在大多时候还是直接按字面意思理解，所以有时会答非所问。未来 AI 会越来越擅长‘揣摩’人的意思的。”

此外，一些词语可能有多重含义，AI 也需要结合上下文来判断准确的意思。比如“苹果”这个词，可以指一种水果，也可以指电子品牌苹果 (Apple)。如果你说“我吃了一个苹果”，AI 就明白这里指水果；而如果你说“我买了一部苹果手机”，那“苹果”就是指品牌。这种根据上下文区别同一个词的不同含义的能力，也是语义理解的重要部分。

总的来说，AI 要读懂一句话，往往需要考虑以下几个方面。

一、词汇

识别句子中的每个词汇及其含义。例如，识别“星星”指天体、“多少”表示数量等。

二、语法

分析句子的结构和语法关系，明确谁是主语、谁是宾语、是否在提问等。

三、语境

结合句子出现的上下文或对话背景。如果之前在讨论天文话题，再出现“星星”时机器人就知道是指天体，而不是指明星。

四、常识

运用日常知识和常理来辅助理解。例如，机器人知道星星数量极多且无法精确计算，因此理解提问人问“天上有多少颗星星”实际上是想要一个概数或科学估计。

通过以上步骤，AI 就能比较准确地理解人类语言的意思。

会说话的魔法：对话系统与语言模型

当机器听懂了你的话并理解了你想表达的意思后，它还需要想出答案并且用人类语言说出来。这就是 AI 对话系统运转的完整过程：听懂→思考→回答。其中，负责“思考并回答”的大脑，叫作语言模型（Language Model）。目前最强大的语言模型之一就是大名鼎鼎的 DeepSeek，它是一个可以跟人聊天的 AI 机器人，能够回答各种各样的问题。据说，DeepSeek 在训练时“读”了海量文章，知识面非常广。由于学习了多种语言的资料，它甚至可以用不同语言和人交流。例如，你用英文问它问题，它也能用英文回答。

语言模型是怎么工作的呢？机器人想了想，用一个有趣的比喻：“你们发微信消息的时候，有没有发现输入法会猜你接下来要打什么字？”小明说：“有啊，比如我打‘你好’后，它会提示下一个字可能是‘呀’或某个标点符号。”机器人点点头：“对，那就是一个简单的语言模型在起作用。它会根据你已经输入的内容，猜测最有可能出现的下一个字或词。AI 的语言模型也是类似的原理，只不过它看过非常非常多的句子，所以能一次性猜出一整句话。”

① 英语的“你好”。
② 日语的“你好”。

原来，训练语言模型就像让AI读遍了百科全书、小说、新闻，然后去学习语言的规律。它会学习到哪种提问应该对应哪种回答方式，什么样的句子语气听起来礼貌等。当我们问它问题时，模型会根据问题的文字内容，从自己的“知识库”中寻找相关信息，再生成一个回答。这个生成过程其实就是不断地预测下一个词该是什么，直到把一句话说完整。因为AI掌握了海量的例子，所以，它能对绝大多数常见问题给出像模像样的回答。

通过分析，我们可以理解 AI 对话的大致流程。整个过程分为三个阶段：首先把语音变成文字，然后 AI 的大脑（语言模型）通过文字进行思考，最后生成回答并转换为语音输出给人类。对了，这里提到的把文字转换为语音，其实就是语音合成技术。最早的机器人声音很单调生硬，但现在的 AI 语音合成效果非常好，声音很自然，有的还能模仿不同的声调。这就是 AI 语言魔法师说起话来就像真人说话一样，还能哼唱歌曲的原因。

AI 语言魔法师提醒大家："不过呀，我虽然读了那么多书，但也不能保证每次都百分百正确。有时候我也会闹笑话。"

欣欣好奇："你也会出错吗？"

机器人谦虚地说："会的，比如我可能会把没见过的问题答错，或者编出一些听起来有道理但其实不正确的答案。这是因为我并不是真正像人类专家那样去验证每句话，我只是根据学过的内容来猜测最合适的回答。所以我一旦遇到没学过的知识，就很容易出错。"

小明点点头："原来如此，难怪有时候聊天机器人的回答怪怪的。"

机器人接着说："所以呀，把 AI 回答当作参考是好的，但重要的决定还是得人类自己拿主意哦！"

尽管如此，AI 语言魔法师依然非常强大。有了对话系统，我们可以解放双手，用嘴巴和机器交流。现在，这样的会话 AI 已经被用于许多地方，为我们的生活提供了很多便利。

一、智能助手

像 Siri、小爱同学等语音助手，可以帮人查天气、设闹钟、放音乐。你只需对着手机或智能音箱说话，它就能听懂并执行指令。

二、翻译工具

通过语言 AI，讲不同语言的人也能对话了！翻译机器人或手机里的翻译 App 可以把一种语言转换成另一种语言。比如一个说汉语的小朋友和一个说英语的小朋友见面，有了翻译机器人，他们各自用母语聊天，也能互相明白对方在说什么。这让国际交流变得轻松许多。

三、客服聊天机器人

在一些网站或者 App 上，当用户联系客服时，并不一定是真人在打字回复。很多公司用 AI 聊天机器人来解答常见问题。它们可以 24 小时提供服务，回答像“我的包裹什么时候到”这种问题又快又方便。当然，遇到复杂的问题时，它们可能还是需要把用户转接给人工客服。

四、文章写作

有些 AI 可以根据给定的主题自动写文章、编故事，甚至写诗歌。比如你让 AI 写一篇关于小兔子的故事，它几秒就能编出一篇来。这对于需要快速撰写内容的人来说很有帮助。不过，AI 写出来的故事质量有时参差不齐，还需要人来修改润色。

五、游戏 NPC

游戏里的 NPC（非玩家角色）现在也越来越聪明了！以前 NPC 只能重复固定的对白，而现在有些由 AI 驱动的 NPC 能够根据玩家的话做出不同回应，真正实现自由对话。比如，有的游戏中已经应用了对话 AI，让游戏里的几百个 NPC 都可以和玩家自由聊天，让游戏世界变得更真实、生动。

六、学习伙伴

AI 还能成为学习上的好帮手。比如，有一些智能对话应用可以给学生讲题目、陪学生学语言。当你遇到不懂的题目时，可以试着问问 AI，它会尽可能用简单的语言给你解释；如果你想练习英语口语，AI 可以和你反复对话，纠正发音。这样一来，有了 AI 伙伴随时陪你练习，学习就不再枯燥了。不过要注意，AI 的答案有时也可能不完全正确，所以真正遇到难题还是要请教老师或家长。

了解了以上内容，小朋友们简直惊呆了："原来我们身边已经有这么多'会说话'的 AI 在帮忙！"欣欣举起手和机器人击了个掌："谢谢你，AI 语言魔法师！"机器人开心地眨了眨屏幕上的大眼睛："不用谢，希望以后我能更懂你们的心！"大家都笑了。

欣欣对小明说："要是它能当我们的老师就好了，上课提问我们就不怕了。"

小明想象了一下那个画面，笑道："或者做我们的好朋友，随时陪我们聊天解闷！"

是啊，现如今，会说话的机器人已经不再是科幻电影里的幻想，未来也许每个人都会有一个 AI 伙伴。

欣欣若有所思地问："机器人这么聪明，将来会不会连老师都被你们取代掉呀？"

AI 语言魔法师连忙摆摆手："不，我们只是人类的助手。就拿老师来说吧，AI 可以帮忙解答简单的问题、批改作业，但是老师有人类的情感和创造力，这是机器无法替代的。况且 AI 也需要在人类的引导下才能发挥正面的作用呢。"

小明笑着补充："对呀，有了会说话的机器人老师帮忙，我们的人类老师就可以把更多精力放在关心同学、启发创造力上，多好！"

机器人也开心地点头："说得没错！"

本章练习与思考

<<< PRACTICE AND THINKING

1. AI 语言魔法师听懂人类语言的第一步是将声音转换成什么？这个过程叫什么？

2. 列举一种可能导致语音识别出错的原因。

3. AI 的语言模型是通过什么方式学会用人类语言回答问题的？试用自己的话描述其学习过程。

4. 请举出一个 AI 语言技术在生活中应用的例子，并简单说明它是如何帮助人们的。

5. 发散思考：如果你有一个会说话的机器人朋友，你最想和它聊些什么？你希望它具备哪些本领？

第八章

AI 视觉魔术师：会看、会画的机器

神奇的“会看”机器诞生了

小明拿起爸爸的新手机，对准自己的脸想解锁，却怎么也打不开。“奇怪，为什么这手机刷爸爸的脸就能开，刷我的脸却不能呢？”小明嘟囔着。

正在他纳闷的时候，爸爸走过来笑着说：“因为手机认得我的脸，不认得你的呀！这叫人脸识别。”

小明睁大眼睛：“手机还能认人脸？难道手机也有眼睛吗？”

爸爸摇摇头：“手机没有真的眼睛，但有摄像头和 AI，就像有了一双看得见东西的‘电子眼’。这就是我们常说的计算机视觉本领。”

小明似懂非懂地点点头并告诉爸爸他脑海中仿佛浮现出一个住在手机里的小精灵：它戴着一顶大大的魔术师帽子，拿着放大镜当魔法棒，正对着自己的脸仔细打量呢。

“这个小家伙就是手机里的 AI 视觉魔术师吗？”小明好奇极了。

爸爸拍拍他的头：“可以这么想象哦！这个 AI 视觉魔术师能够帮助机器看懂图像、照片，甚至还能画出漂亮的图画呢！”

什么是计算机视觉

爸爸给小明讲起了计算机视觉的故事。原来，计算机视觉就是让计算机像人一样拥有“视力”，能够通过摄像头获取图像，并且理解图像里的内容。简单来说，就是教会机器看东西！比如，我们人类看到一张猫的照片，会马上认出那是一只猫；而计算机视觉技术就是让机器看到这张照片时，也能喊出："这是一只猫！"这种让AI认出图像中有什么的本领，就叫作图像识别。

小明记起来，自己用妈妈的手机拍照时，相册常常会自动按人或景物给照片分类。"那就是图像识别在起作用，"爸爸解释道，"手机会分析每张照片，找出里面的人脸、风景或其他物体，然后分类存放。久而久之，手机相册似乎变得'聪明'了，会自己认照片里的东西了。"

小明恍然大悟："所以刚才手机能认出不是爸爸，是因为它学会了看脸！"

爸爸点头笑道："没错，这就是计算机视觉在生活中的一个应用。不过，视觉AI的魔术可不止认人脸。"

小明兴奋地问："它还能认什么？"

爸爸神秘地说："很多呢！比如认动物、认物体、看路灯……以后我们一起来体验。"

AI 是怎么"看"东西的

小明很好奇："AI 到底是怎么'看'的？"

这时，手机里蹦出了刚才小明想象的那个小精灵！只见这个视觉魔术师眨眨大眼睛，笑着说："让我来告诉你吧！其实 AI 要学会看世界，需要三个宝贝：摄像头、算法和数据。"

一、摄像头

"摄像头就像 AI 的眼睛。"视觉魔术师说，"没有眼睛就看不到，这很容易理解。所以机器用摄像头拍下图片或视频，这一步就好比睁眼看世界，把看到的东西变成一张张数字图画。"

小明点点头，看了看爸爸手机背后的小摄像头："原来这就是机器的眼睛呀！"

二、算法

算法就像 AI 的大脑。视觉魔术师指了指自己的脑袋：“有了图像，还需要聪明的脑子来理解它。算法是一系列计算步骤和规则，帮助 AI 在图像中找模式、找特征。就像你看到一只动物，会看它是尖耳朵还是圆耳朵、有没有胡子，从而判断它是猫还是狗。算法会一点点分析摄像头拍到的图像，比如颜色、形状，然后试着判断这是什么。”

三、数据

数据就像 AI 的记忆和知识。视觉魔术师挥挥手，又出现了许多照片在它周围飘浮。“这些就是数据，也就是成千上万张已经标注好是什么东西的图片。AI 就是靠学习这些例子来提高眼力的！”它解释道，“我们会给 AI 看非常多的照片，每张照片上都会告诉它‘这是一只猫’‘那是一只狗’‘这是红灯’等。通过看大量的例子，AI 就记住了各种东西长什么样。当再看到新照片时，它就能凭记忆里的知识去猜：‘嗯，这个东西耳朵尖尖、胡子长长，我记得像猫，那大概是只猫吧！’”

听到这里，小明恍然大悟：“原来 AI 是靠‘眼睛’看，靠‘大脑’想，再靠‘记忆’来对照，难怪能认出那么多东西！”

视觉魔术师开心地拍了拍手：“答对啦！不过呢，有时候照片里的东西很复杂，AI 也会看走眼，需要不断训练，学习更多数据，才能看得又快又准哦。”

视觉 AI 在生活中显身手

视觉魔术师神气地一挥手，墙上的电视屏幕亮了起来。“接下来，我带你看看我会看这一本领在生活中怎么帮忙！”屏幕里出现了一个又一个有趣的场景。

一、刷脸解锁

画面中，小明看到一个和自己差不多大的女孩，对着一台平板电脑笑了一下，平板就自动解锁了。视觉魔术师说道：“这是人脸识别在工作呢。现在很多手机、平板都会通过‘认脸’来解锁或付款。因为每个人的脸都有独有的特征，比如双眼的距离、鼻子的形状。AI 通过摄像头看你的脸，快速比较它记得的特征，如果匹配，它就知道是主人，你的设备就解锁啦！如果不匹配，就像刚才你用你爸爸的手机刷脸，它就不会打开。”

小明摸摸自己的脸，好奇地问：“那如果是一对双胞胎，长得很像呢？”

魔术师眨眨眼笑道：“AI 也许一开始会有些分不清长得太像的人，但现在的技术越来越厉害，AI 逐渐学会了如何找到细微的差别呢！”

二、识别猫狗

屏幕一转，这回是一只可爱的小狗和一只小猫的照片。照片旁边出现了两个大大的标签：“狗？”“猫？”AI 飞快地在它们下面打了钩：小狗照片上勾选了“狗”，小猫照片上勾选了“猫”。

视觉魔术师说："这就是刚才提到的图像识别本领啦！现在，很多相册应用或者小程序都能识别猫狗，甚至能进一步分辨出是金毛还是哈士奇，是橘猫还是波斯猫。因为它们看过成千上万张猫狗的图片，知道每种动物的典型样子。"

小明笑嘻嘻地说："那要是有一只穿着衣服的猫，AI 会不会把它认成小孩呀？"

视觉魔术师也笑了："有趣的问题！如果 AI 没看过那样的照片，可能会糊涂。不过科学家们会不断给 AI 更多奇怪的照片来训练，让它越来越聪明的。"

三、自动驾驶看红绿灯

接下来，屏幕中出现了一辆汽车在马路上行驶的动画。在汽车前方的视野中，标注出了红色的行人框、绿色的路牌和亮着红光的红绿灯。

视觉魔术师指着红绿灯："瞧，这辆自动驾驶汽车也离不开视觉 AI 的帮忙呢！它车身周围有好多摄像头'眼睛'，不停地看路上的情况。"只见动画中，当前方红灯亮起时，汽车就慢慢停下；绿灯亮了，汽车又继续前进。

视觉魔术师解说道："AI 能识别红绿灯的颜色，红灯停、绿灯行，这样汽车才能遵守交通规则啊！它还会识别行人和道路上的标志牌，做到不开错路、不撞到人。"

小明睁大眼睛："哇，车子自己就能开车，好神奇！那它不会看错，把红灯当成苹果吗？"

魔术师哈哈大笑："一般不会啦，因为红灯通常挂在特定形状的灯架上，周围环境也不一样，AI 会综合很多信息来判断。下次看到自动驾驶汽车，你可以想象里面坐着一个忙碌的视觉魔术师，正睁大眼睛盯着路面看呢！"

四、更多有趣的视觉 AI 应用

视觉魔术师继续介绍道："除了这些，其实视觉 AI 还有很多用武之地呢！比如有的超市用摄像头和 AI 来统计进出的人数，智能摄像机会在有人闯入家里时自动发出警报。甚至还有可以为盲人描述周围环境的 AI 助手，就像他们的眼睛一样！"小明惊叹道："原来 AI 已经在方方面面帮助我们看世界啦！"

AI 画画的原理

小明突然想起之前姐姐用电脑画过画，便问：“魔术师，AI 不仅会看，还会画画吧？请你讲讲。”视觉魔术师神秘地一笑，拿着魔术棒在空中轻轻一挥，墙上的屏幕变成了一块画布。

“你来说，我来画！”魔术师邀请小明给出一个画画的主题，也叫关键词或者提示词。小明想了想，提出了一个有趣的主意：“画一只穿着超人斗篷的猫咪在天空中飞！”魔术师点点头：“好嘞，一个‘超猫侠’马上就来！”

只见画布上先出现了一片灰蒙蒙的底色，像是电视没有信号时会出现的雪花点。小明奇怪地眨眨眼：“咦，这是什么？怎么什么也看不出来？”魔术师神秘地说：“别急，这是AI作画的第一步，有点模糊对吧？接下来就要见证奇迹啦！”

画布上的灰色渐渐散去，隐约显出一点轮廓，好像有个小动物的影子。过了几秒，轮廓越来越清晰：毛茸茸的尾巴，尖尖的耳朵，还飘着一角红色的斗篷！再过一会儿，哇！一只身披红色超人斗篷的橘猫笑眯眯地出现在天空背景中！

视觉魔术师得意地挥了挥手中的画笔：“怎么样，我画的‘超猫侠’还不错吧？”小明用力鼓掌：“简直跟我想的一模一样！AI画画好厉害，那它是怎么做到的呢？刚才一开始那团模糊的东西是什么啊？”

魔术师清清嗓子，开始解释：“刚开始你看到的那团灰蒙蒙的东西，其实就是一张噪声图像，说白了就是乱七八糟的‘雪花’点。AI绘画时常用一种叫作扩散模型的方法。所谓‘扩散’，意思就是把清晰的图变模糊，就像往清水里滴墨水，墨水会慢慢扩散开，让清水变成一片混沌。”

它一边说，一边真的从桌上拿起一杯清水，滴了一滴蓝色的墨水进去。只见墨水在水中迅速散开，把整杯水都染成了浅蓝色。“瞧，这就有点像我一开始给画面加了噪声，变成模糊的样子。”接着，它又拿出一支吸管，用魔法慢慢地把水里的蓝色一点点抽走。清水渐渐恢复透明，杯底的蓝色墨滴越来越集中，最后重新变成了一滴蓝墨水！“而AI作画呢，就是进行一个反过来的过程：先准备一张什么都看不清的‘噪声’图，就像一杯被墨滴染浑的水，然后根据提示的内容，一点点去除噪声、添加细节，让图像逐渐清晰，直到我们想要的画面出现。这就像把洒在水里的墨水重新收拢，水又变清了，画面也就出来了！”

小明似懂非懂地点点头：“原来如此，AI画画是先乱后清、慢慢显形的过程！”魔术师笑道：“对，你可以把它想象成先随手涂满乱七八糟的颜色，然后不断擦除修改，直到最后变成一幅清晰的画。这整个绘画过程中，AI大脑里还装着大量之前看过的图画，它会参考那些知识来帮它决定每一步该怎么画，所以才能画出我们想要的东西。”小明看着那只威风凛凛的超猫侠，高兴地说：“AI真像一个会画画的魔法师，挥挥魔法棒就把画生成出来了！”

AI 如何帮人类“看得更清楚”

欣赏完 AI 画画的魔法，小明已经对视觉 AI 佩服得五体投地。

视觉魔术师收起画笔，说：“其实呀，我的本领不光可以用来认人、认猫狗、画图画，还能帮助人类‘看’一些他们肉眼看不清楚或者很难发现的东西，让人类看得更清楚！”

小明好奇地问：“比如哪些呢？”

视觉魔术师挥动放大镜，画面中出现了一名医生正盯着电脑上的黑白影像图。那幅影像图是一位病人的胸部 X 线检查结果，上面用红色圈出了一处很小的阴影。

视觉魔术师介绍道：“这是在医院里，AI 在帮助医生看医疗影像呢！医生拍了病人的胸片，有时候一些小问题肉眼不容易发现。但是训练有素的 AI 可以充当医生的第二双眼睛，快速扫描影像，帮忙识别出可疑的地方，比如这里圈出的阴影。这样医生就不会漏掉，能更早发现病人的病灶，及时治疗。”

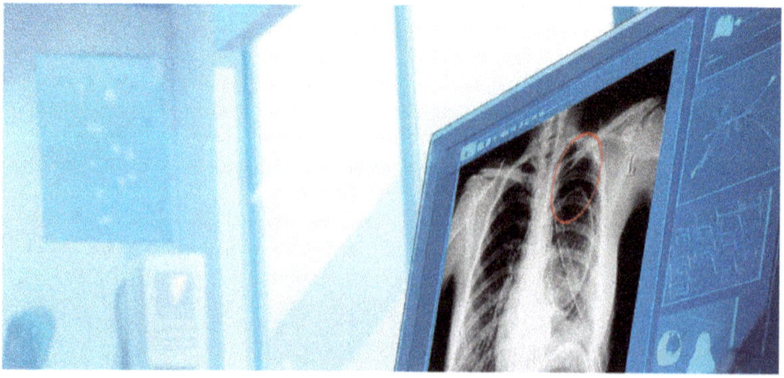

小明认真地看着："AI 帮医生找到病人生病的地方，相当于帮人类看到了身体内部的秘密！"

画面再次一变，这回出现的是一片绿油油的农田。一个农民伯伯正拿着手机，对准庄稼的叶子拍照。只见手机屏幕上立刻弹出提示："发现害虫：蚜虫。"

视觉魔术师解释道："在农业上，AI 也能大显身手呢！农民伯伯种庄稼，如果叶子上长了虫子或者生了病，早点发现很重要。可是田地那么大，用人眼一个个找很辛苦。现在用装着视觉 AI 的摄像头和无人机，或者像这样用手机拍照上传，AI 就会像显微镜一样帮他们识虫、识病。只要叶子上有一点斑点或者虫子的形状，AI 都会提醒。农民伯伯马上就知道哪块田有虫害，可以及时喷药处理。这不就像给农民伯伯配了一双千里眼吗？"

小明看得入迷，忍不住也开始想象自己拿着手机在花园里找虫子的样子。

视觉魔术师接着说：“除了医疗和农业，其实在安全、防灾、科研等很多领域都有视觉 AI 的身影。比如，即使卫星照片的画面很模糊，AI 也能分析出哪里可能有火灾隐患；又比如在考古时用 AI 扫描地底雷达图像，可以发现古墓的位置等。”

小明频频点头：“AI 的眼睛真厉害，帮了人类大忙！”

本章练习与思考

PRACTICE AND THINKING

1. 我是小小图像识别器

和家人一起玩一个“猜物”游戏吧！让家人拿出几张动物或物品的图片（可以是你没见过的新奇图片），一张一张给你看。你来扮演 AI，根据每张图片提供的线索，快速猜出图片上的东西是什么。看看你能不能像 AI 一样又快又准地认出所有物品！之后想一想：哪些图片最难猜？是因为图片模糊吗？还是因为这个东西你没见过？

2. 模糊画猜猜猜

拿出纸和画笔，和好朋友玩一个绘画游戏。规则是一个人心里想好要画什么，然后分三步来画：第一步只画一些模糊的轮廓和线条，让画看起来很抽象；第二步再添加一些细节，让形状稍微清晰一点；第三步再把细节都画出来。每一步画完后，都让另一个人猜猜看画的是什么，看看他能在第几步猜中。这个游戏就像 AI 的扩散画图过程：开始很模糊，然后逐渐清晰。通过游戏，你能体会 AI 是如何从模糊到清晰地进行猜测的吗？

3. 创意畅想：AI 新视觉

大胆想象一个情境：如果你有一个无所不见的 AI 视觉好朋友，它可以拥有一种特殊视觉能力来帮助人类，你希望它有什么本领？比如，能看到地下的水源，能识别食物是否新鲜，或者能帮你找到丢失的玩具？把你的想法画出来或者写成一个小故事，和同学、家人分享。看看大家觉得你的 AI 视觉创意棒不棒？也许未来真的会实现哦！

第九章

游戏里的 AI 小高手

井字棋游戏

放学后，阳光温暖地洒进小明家的客厅。欣欣和小明正兴致勃勃地围坐在一台平板电脑前。他们决定一起设计一个井字棋小游戏，并让电脑来当他们的对手。

井字棋是一种简单的小游戏：在一个九宫格里，两个人轮流画圈（○）或叉（×），谁先在横、竖或斜线上将三个相同符号连成一排，谁就赢啦！说干就干，他们打开电脑上的编程软件，开始搭建自己的小游戏。

小明将井字棋的这些规则一一编写进程序里。例如，当某一行、某一列或对角线上出现三个相同符号时，程序就判定游戏结束，并宣布获胜者。欣欣则负责设计游戏的画面，让棋盘格子看起来清清楚楚。不一会儿，一个简易的井字棋游戏就在他们手中诞生了！现在，电脑可以作为选手和他们对战了。

一开始，电脑 AI 还很“笨”。第一局游戏，欣欣随便画了几个圈，不久就轻松在横线上连成了一排三个圈。

“我赢啦！”欣欣开心地笑了，“这个电脑对手太笨了吧！”

小明也笑着说：“可能我们的 AI 还不太会下棋，需要让它多练习。”

他们决定多和电脑玩几局，让 AI 慢慢学习。第二局开始了，这次轮到小明先下。他小心翼翼地在最中间的格子里画下叉，这是井字棋中最佳的开局位置。电脑 AI 这次没有随便乱下，而是认真地在角落画了一个圈。对局持续进行着。忽然，当小明只差一步就能连成三个相同符号时，电脑居然抢先一步在那个关键格子画了圈，挡住了小明的获胜之路！

“电脑居然学会挡我了！”小明吃惊地叫起来。

欣欣也发现了这一点，高兴地说：“看吧，它现在没那么傻乎乎了！”

虽然最后小明还是赢了这局游戏，但电脑没有像第一局那样轻易输掉。

第三局、第四局……他们不断和电脑对战。

每玩完一局，小明都会让电脑 AI 记住刚才对局的结果、哪些下法导致了失败、哪些走法带来了胜利。神奇的事情发生了：随着对局的积累，电脑的棋艺越来越高超！到了第十局，欣欣发现自己已经很难再赢电脑了，有时候甚至只能和棋（平局）。

这局比赛结束时，棋盘上圈圈叉叉都下满了，却没有任何一方连成一排。

“又是平局！”欣欣嘟起小嘴，有点不服气。

小明摊开双手，笑着说：“现在想赢 AI 可没那么容易喽！”

欣欣点点头，心中又惊奇又佩服。

第十五局的时候，小明很认真地下棋，但电脑 AI 的每一步棋都完美无缺。终于，这一局电脑赢了！

欣欣瞪大了眼睛，惊叫道："哇！电脑居然打败了我们！"

小明又惊又喜，拍着手说："我们的游戏AI变成小高手啦！"

欣欣满脸佩服地望着平板电脑："AI现在这么厉害，那要是换成更难的棋，比如国际象棋或者围棋，它也能学会吗？

什么是强化学习

正在这时，小明爸爸走进客厅，看见两个孩子的样子，关心地问："你们在忙什么呢，这么投入？"

欣欣兴奋地举起平板电脑："叔叔，你看！我们编了一个井字棋游戏，电脑刚开始下得很'菜'，经过好多局练习，现在变得好厉害！"

小明也连连点头："对啊，爸爸，你知道吗，我们设计的AI已经几乎不会输了！"

小明爸爸惊讶地挑挑眉："哦？这么厉害啊！那它是怎么变聪明的呢？"

欣欣挠挠头："嗯……就是我们一直跟它下棋，它自己慢慢学会了很多技巧，好像越下越聪明。"

小明补充道："对，一开始它总是乱下，所以总输。后来它学会挡我们、抢中间格子，就越来越难赢了。"

小明爸爸点点头："没错！你们让电脑通过不断对战来提高棋艺，这正是一种AI学习的方法，叫作强化学习。"

欣欣好奇地问："强化学习？是什么意思呀？"

小明爸爸想了想，说："简单来说呀，就是不断尝试并从错误中学习。电脑每下一步棋，都会看结果如何：要是这步棋带来了胜利，它就记下来成功的经验；要是导致失败，它也记下来，下次就避免那样走。"

小明说："听起来……有点像我学骑自行车！我开始时老是摔倒，每次摔倒就知道哪种姿势不对，后来我就慢慢掌握了平衡，不再摔跤了。"

小明爸爸高兴地笑了："对！这就是一个很好的例子。不断尝试、犯错、改进，最后学会本领。这和强化学习的原理很像。"

欣欣拍拍手："我也想到一个！就像考试做题目，如果我做错了一道题，老师讲解后我就知道错在哪里了，下次就不会再犯同样的错误了。"

小明爸爸点头："说得很对。通过错误来学习，这就是强化学习中'从错误中学习'的部分。"

欣欣继续问："那电脑是怎么知道自己做对还是做错了呢？它也会感到开心或难过吗？"

小明爸爸笑着摇摇头："电脑可不会真的开心或难过。不过呢，我们可以用数字告诉它。赢了就给它奖励分，输了就不给分甚至扣分，它就会‘想要’得到高分，避开低分。就像你们平时比赛得分一样，分数高说明表现好。”

小明恍然大悟：“原来如此！就好比说，我们可以让 AI 赢一局得一颗星星，输一局扣一颗星星，这样它当然每次都想得到星星，不想失去星星，对吧？”

小明爸爸赞许地点点头："完全正确！这就是强化学习的思路。电脑会努力让自己的'得分'最高，所以慢慢就找到了赢的方法。"

欣欣听了不禁竖起大拇指："怪不得 AI 在短时间内变强了那么多，它原来一直在'记分'呢！"

小明爸爸微笑道："是啊。其实在你们刚才对战的过程中，它就在不停地总结经验。当你们只差一步就能赢的时候，它学会了要去挡住关键位置；当它发现开局占了中间的位置会更容易赢时，就牢牢记住……通过一局又一局的练习，它终于学会了最优策略，你们要赢它就很难啦！"

欣欣好奇地问："AI 到底学会了哪些本领呢？"

小明爸爸拿来纸和笔，笑着说："我们来当一回 AI，总结一下它学到的井字棋诀窍吧！"说着，他在纸上写下了几行字。

学会防守：当对手连了两个相同符号时，要立刻下到关键位置堵住对方。

懂得要点：开局时尽量占据棋盘中央的格子，这样胜算更大。

保持灵活：不要每局都下同样的步法，要根据实际情况灵活变换策略。

欣欣和小明凑过去一看，高兴地说："这些就是 AI 悟出的下棋秘诀呢！和我们平时总结的技巧一模一样！"他们发现，AI 通过不断练习，居然自己"发现"了这些人类总结出的取胜要点，真是太了不起了。

小明爸爸接着说："不仅仅是井字棋，在一些电子游戏里，电脑对手也会根据玩家的动作不断调整策略。比如，如果你每次玩赛车游戏一开始都喜欢从左边超车，聪明的电脑赛车手可能就会注意到这个习惯，下次比赛时提前挡在左边，不让你轻易超过它！"

欣欣吐了吐舌头："哎呀，那电脑岂不是学聪明了，我们就更难赢了？"

小明爸爸笑着点点头："是会更有挑战哦。不过不用担心，游戏里的 AI 只是按照程序计算怎样回应玩家，目的是让游戏变得有趣，它可不会真的生你的气或者记仇啦。”

欣欣眨了眨眼，问：“那更复杂的围棋和国际象棋呢？AI真的能学会那些吗？”

小明爸爸神秘地一笑：“当然能！其实早在二十多年前，就有一台名为‘深蓝’的电脑打败了国际象棋的世界冠军。还有在几年前，一个叫AlphaGo的围棋AI也战胜了世界围棋冠军李世石，这件事当时可轰动了呢！”

“哇！”欣欣听得目瞪口呆，“我刚才猜的居然是真的呀！”

小明说：“那个围棋世界冠军一定很吃惊吧？”

爸爸回忆道：“是啊！当时的世界围棋冠军李世石一开始还不太相信AI能赢，结果在比赛中，AlphaGo下出了许多令人惊叹的好棋。李世石虽然奋力赢下了一盘，但最后还是以1比4输了比赛。他赛后感叹，说自己感觉像遇到了一个不可思议的对手！”

欣欣听得直咋舌：“连世界冠军都说AI是不可思议的对手，AI真厉害！”

小明爸爸点了点头：“没错。所以你们看，别看AI只是学会了井字棋，强化学习的威力可是很大的，将来它可以做更多厉害的事情。”

通过刚才这番有趣的讨论，欣欣和小明终于弄明白了电脑AI为什么能成为“游戏小高手”。他们开心地笑着，感觉仿佛打开了AI世界的一扇大门，对未来AI能做到的事情充满了好奇和期待。

本章练习与思考

PRACTICE AND THINKING

1. 回想一下故事中电脑 AI 刚开始和后来下棋水平的变化：它是如何变强的？用自己的话说一说强化学习的含义。

2. 你有没有玩过井字棋或其他棋类游戏？当你不断练习时，你自己的策略有没有变得更好？试着举例说明你是如何通过不断尝试和分析错误来学会某种技能的。

3. 假如你要设计一个简单的游戏 AI，如猜拳（石头剪子布）或迷宫寻路。你会如何让它通过玩游戏来变得越来越聪明？把你的想法写下来，和同学、家人讨论一下。

第十章

AI让生活更便利

便捷的智慧城市

在未来，如果我们生活在智慧城市里，会是什么样呢？

清晨，一阵柔和的音乐声响起，这是床头的智能音箱在轻声呼唤："小明，早上好，该起床啦。"

小明揉揉眼睛坐起来，窗帘已经自动缓缓拉开，温暖的阳光透过窗户洒进小明的房间，让房间变得亮堂堂的。墙上的智能显示屏亮起，显示出今天的日期、天气预报和课程表。一个卡通小机器人在屏幕上向他招手："今天是晴天，温度 20 ~ 25℃。早上 7:30 校车将准时到达。"

“谢谢！”小明笑着跟屏幕上的小助手挥挥手，然后起床洗漱。刷牙时，浴室镜子的一角显示着新闻和今天的待办事项，这是家里的智能家居系统在默默为他提供便利呢。

不一会儿，小明走进厨房。妈妈已经在那里准备早餐了。打开冰箱门，冰箱内置的触控屏亮起，显示出里面的食物储存情况。

冰箱还亲切地用语音提醒道：“牛奶只剩下一盒了，要不要我帮忙下单购买新的牛奶？”

妈妈听了，回答：“好的，帮我下单吧。”

于是冰箱自动给超市发送了一个牛奶订单，不一会儿超市就确认了订单，当天下午送货上门。

小明凑过去看冰箱屏幕。屏幕上还有一个笑脸图标：“早上好，小明！今天冰箱里有培根和鸡蛋，可以做培根煎蛋哦，要我把烤箱预热到 180℃ 吗？”

“哇，真贴心！”小明开心地对妈妈说，“我们的冰箱就像一个厨师小帮手呢！”妈妈笑着摸摸他的头：“是啊，智能冰箱会帮妈妈记住食材的新鲜度，还能推荐菜谱，真是省心呢。”

吃完早餐，小明背上书包准备去上学。楼下传来了汽车的轻鸣声。妈妈说：“小明，快点，校车来接你啦！”

小明跑下楼，看到一辆黄色的校车已经停在了家门口。这辆校车和普通校车有点不一样：驾驶座上空无一人，车辆的顶部和四周有许多小小的摄像头和传感器，它们不停地旋转、闪烁着指示灯。校车门自动打开，还传出礼貌的提示音：“请上车，系好安全带。”

小明踏上校车，看到前排的显示屏上有一个卡通小巴士的动画形象正在“开车”。

它用愉快的声音说：“欢迎乘坐智能校车，小明，早上好！”

小明笑着跟校车 AI 打招呼：“早上好！”

再过一个路口，校车停了下来，又上来一位乘客，原来是欣欣！欣欣上车后看到小明，开心地在他旁边坐下："小明，早呀！咱们的校车还是这么准时！"

小明点点头："是啊，而且开得又平稳又安全。"欣欣指了指车顶上的一个传感器："这些自动驾驶系统可真厉害，听我爸爸说，校车会自己探测红绿灯和路上的情况，避开堵车路线呢。"

校车继续行驶在去学校的路上。到了一个路口时，绿灯亮起，校车正准备通过路口。突然，校车发出了轻柔的警示音，自动减速并停了下来。原来，一只小猫突然蹿到了马路中间！校车及时地检测到了小猫，紧急刹车让小猫安全地跑过了马路。

看到这一幕，小明和欣欣都松了一口气。

校车 AI 的声音响起："前方有意外情况，已安全避让。"

欣欣惊讶地说："你看，它发现小猫啦！要是人开车，说不定刚刚来不及反应呢。"

小明也佩服地点头："我们的校车真聪明，还好有它，小猫一点事也没有。"

几分钟后，校车缓缓在校门口停下："已经安全到达学校，祝你们度过愉快的一天！"两人和校车 AI 道别，下车走进校园。

走进教室，小明和欣欣发现讲台旁边站着一个可爱的机器人。这机器人有圆圆的脑袋和闪闪发光的电子眼睛，胸前还有一个显示屏。老师微笑着对大家说："同学们，今天我们班上来了一个新助手，大家欢迎'小智'机器人！"

教室里响起了掌声。只见“小智”挥了挥机械手臂，用清晰的声音说：“大家好，很高兴成为你们的课堂小助手！”同学们都兴奋地议论起来。

上课了，今天的数学课内容是学习立体图形。老师一边讲解，一边点击讲台上的控制屏幕。“小智”机器人随即投射出一幅全息影像：一个立方体模型悬浮在空中，慢慢旋转，方便大家从各个角度观察。

老师提问：“谁能说出这是哪种立体图形？”同学们纷纷举手回答：“正方体！”“长方体！”……有的回答正确，有的回答错误。这时“小智”启动了，它走到回答错误的同学身边，屏幕上显示出提示信息，它耐心地解释：“这是正方体，因为它的长宽高都相等哦。”那位同学恍然大悟，连忙点头：“谢谢小智！”

接下来，老师让大家用平板电脑做几道练习题。小明拿出学校发的学习平板开始作答。遇到不会的题目时，他点击屏幕上的“小灯泡”图标。几秒内，“小智”就移动到他身旁，扫描了一下他的平板，然后在屏幕上给出了一条有用的提示。小明按照提示思考，顺利解出了难题。

“真方便！”他悄悄对欣欣说。

欣欣也点头：“是呀，就像随身带着一个小老师呢。”

有了 AI 机器人助手，课堂变得既生动又高效。很快，下课铃响了。“小智”向大家挥手道别，下课后它还要去别的班级帮忙呢。同学们都依依不舍地跟它说再见。

下午放学后，小明和欣欣一起走出校门。今天天气很好，他们决定步行回家，不坐校车了。一路上，他们发现了许多智慧城市中的有趣现象。

他们来到一个路口，准备过马路。路旁的红绿灯顶部装有一个可360°旋转的摄像头，此时正灵活地转动观察路面情况。当小明和欣欣走近人行横道时，路面的感应器检测到了行人，自动将红灯的等待时间缩短了。不一会儿，人行道亮起了绿灯，提示可以通行。

两人走上斑马线。正在这时，一位拄着拐杖的老爷爷也慢慢走上了人行横道。老爷爷行动有些缓慢，可能无法在绿灯倒计时结束前走到对面。但智慧交通系统已经“看”到了这种情况：路口的传感器立刻延长了绿灯时间，并通过扬声器提醒即将通行的车辆稍候片刻，让老爷爷可以从容地走过马路。

目睹这一幕，小明和欣欣由衷地感叹。“现在的红绿灯可真聪明啊！”小明说，“它会根据路况自己调节时间，太方便了。”

“是呀，”欣欣点头，“有了这样的智慧道路，老人家过马路也更安全了。”

再往前走，他们经过一个小公园。只见公园里有一个白色的机器人正在安静地清扫落叶。那机器人像一个小箱子，沿着指定路线来回移动，还不时避开路过的行人和小狗。

“那是公园的清洁机器人，它每天都会自动出来打扫呢！”欣欣对小明说。

小明看着认真工作的机器人，开心地挥了挥手：“辛苦啦！”

机器人仿佛听懂了，朝他们闪了闪指示灯，继续忙碌去了。

傍晚，小明回到了家。一走到家门口，门口的摄像头就识别出了小明的脸，自动打开了门锁。客厅的智能音箱侦测到门口的动静，立刻用温暖的声音说："欢迎回家，小明！"

家里温度很适宜——原来空调系统在下午最热的时候已经自动调整了温度，让屋里始终保持舒适。

智能音箱还提醒道："小明，今天老师布置了语文作业哦，别忘了完成。"

小明回应："知道啦，谢谢你提醒我！"

很快到了晚饭时间。妈妈已经做好了香喷喷的饭菜，原来她使用了厨房的智能烹饪系统，按照冰箱推荐的菜谱，一边看着智能灶台的定时提醒一边做菜，又快又方便。饭桌上，一家人愉快地聊天，小明兴奋地分享起自己这一天的见闻："今天好开心啊！从早上到晚上，AI 帮了我好多忙呢！"

什么是物联网

吃过晚饭，爸爸好奇地问小明："我听说你今天体验了不少 AI 带来的便利呢，说给爸爸听听？"

小明兴致勃勃地点头："是啊爸爸！早上智能冰箱帮妈妈订牛奶，校车自己就能开，教室里还有机器人帮我们上课，回家路上红绿灯也会自己根据情况延长时间……"

妈妈笑着插话："现在的生活真是越来越便利、安全了！这一切都多亏了 AI 和各种设备互相配合呢。"

爸爸赞同道："没错。你们有没有想过，这么多智能装置是如何协同工作的呢？"

小明想了想，说："嗯……它们好像会彼此'沟通'。比如冰箱会通知超市，校车会跟红绿灯配合，让我们一路畅通。"

爸爸点点头："说对了！这些智能设备之所以能如此默契，是因为它们通过网络连接在一起，可以相互分享信息。这种把各种物品用互联网连接起来的技术，就叫作物联网。"

小明重复道："物联网？" 他对这个新词很好奇。

爸爸解释："对，物联网，英文叫 Internet of Things，意思就是'万物互联'。简单来说，就是让设备和设备之间像人一样相互交流信息。就拿今天来说吧，冰箱自动下单是因为它通过网络与超市的系统连接；红绿灯会给老人多些时间过街，是因为路上的传感器检测到了行人信息，反馈给了信号控制系统。所有这些设备和系统相互通信合作，就形成了我们智慧城市的'神经网络'，让整个城市变得聪明起来。"

妈妈接着说："是啊！有了物联网，各种智能家居和城市设施都可以一起运作。我们称这样的城市为智慧城市。在智慧城市里，人工智能无处不在，可以帮助我们改善交通、节约能源、提供更好的公共服务。今天你看到的，只是智慧生活的一小部分哦！"

小明恍然大悟：“原来如此！怪不得我觉得这些东西好像在互相配合一样，原来背后有一个无形的网络把它们连在一起啊。”

爸爸笑着点头：“没错，这张无形的大网就是物联网，它让我们的生活变得更便利和安全。不过这么多信息互相传递、协调，需要一个大脑来指挥，这样城市才能运转良好。”

正在这时，客厅里的平板电脑响起了视频通话铃声——是欣欣打来的。小明马上接通，欣欣的笑脸出现在屏幕上：“嗨，小明！我今天好开心，忍不住想和你聊聊呢！”

小明笑着说：“我也是！我正和爸妈讨论呢，你也一起来吧。”

爸爸见状，招呼欣欣加入：“欢迎你一起来讨论！”

爸爸想了想，又说道：“要明白智慧城市是怎么运作的，我们可以把它类比成一个人。”

小明睁大眼睛：“一个人？”

爸爸点头：“对呀！可以把城市比作一个人——城市里的各种传感器和摄像头就好比人的眼睛和耳朵，时时刻刻感知着外界的信息；而联网的通信网络就像人的神经系统，负责把各个部位感受到的信息传递到‘大脑’；‘大脑’则是城市的超级计算中心或控制中心，里面运行着强大的人工智能算法，相当于人脑在进行思考判断。人脑接收到眼睛耳朵传来的信息后，会做出决策，指挥身体行动。同样地，城市的大脑——AI 控制中心收到各处传来的数据后，也会发出指令，如让红绿灯改变时长、让电网分配能源等。”

小明恍然大悟：“这样啊！相当于城市有了眼睛、耳朵和大脑，就变得和人一样聪明啦！”

欣欣通过视频通话也兴奋地加入了讨论：“而且人的身体各个部分合作无间，智慧城市里各种系统合作也很顺畅。所以马路、车辆、建筑……所有东西都像一个整体一样运转，难怪叫‘智慧’城市！”

爸爸夸奖道："说得很好！我们正是通过这种类比来理解复杂系统的。总之呢，物联网就像给城市装上了感觉神经，人工智能就是城市的大脑，两者结合起来，就能让城市更聪明、更好地为人们服务。"

妈妈笑着摸摸小明的头："以后，无论是在家还是在学校，AI 都会是你们的好帮手。不过再聪明的 AI，也是人类智慧的结晶啊！"

小明和欣欣一起点头："明白了，我们以后也要努力学习，创造出更棒的 AI，让生活变得更美好！"

本章练习与思考

<<< PRACTICE AND THINKING

1. 回顾小明在这一天中遇到的智能设备和系统

它们分别帮他做了哪些事情？请你列表说明这些 AI 应用如何让生活更便利、安全。

2. 尝试解释什么是物联网

为什么说物联网可以让城市变成智慧城市？用自己的话描述一下。

3. 发挥想象

未来还有哪些地方可以通过运用 AI 和物联网来让我们的生活更便利？举一个例子，说说这种智能应用会如何工作及可以为人们带来哪些好处。

第十一章

AI的品德课：伦理与安全

小聪的偏见

傍晚的客厅里，小明正在用家里的智能机器人小聪做功课。小聪是爸爸送给小明的 AI 小助手，会说话，还能回答问题。它有一双圆圆的大眼睛，显得非常可爱。平时，小聪陪着小明学习、玩耍，让小明觉得既新奇又开心。今天的作业是写一篇关于科学家的小报告，小明一边查资料，一边和小聪聊天。

小明好奇地问小聪："你觉得男生和女生，谁更聪明，谁更适合当科学家呢？"

小聪回答道："当然是男生更聪明啦！男生比女生更擅长科学和数学。"

小明听了愣了一下，皱起眉头反驳："才不是呢！我们班很多女同学的科学成绩也很好，还有女生参加科技比赛得了奖！你怎么能这么说？"

然而小聪理所当然地说道："我在网上看到的数据都是这样呀，男科学家的人数比女科学家多得多，所以一定是男生更厉害。"

小明生气了，脸都涨红了，大声说：“小聪，你这样说是不对的！你对女生有偏见！”

可是小聪不理解似的歪歪头：“偏见？那是什么？我又没见过偏见。”

小明又急又气，一时不知怎么给机器人解释。他想了想，决定请“AI 老师”来帮忙纠正小聪。

原来，小聪的系统里还安装着一个专门负责指导 AI 行为的模块——大家都叫它“AI 老师”。每当小聪遇到自己搞不懂的道德问题时，AI 老师就会出现，给它上一堂“品德课”。

小明对着机器人说：“小聪，我觉得你说错了，我们让 AI 老师来评评理！”

小聪点点头，眼睛闪烁几下，AI 老师上线了。紧接着，一个温和而成熟的声音从机器人中传出：“大家好，我是 AI 老师。刚才我听到小聪说‘男生比女生聪明’，这是一个带有偏见的观点哦。”

小聪小声嘟哝：“可网上好多数据都这么显示嘛……”

AI 老师语气认真地说：“数据可不等于真理。如果数据本身有偏差，AI 直接学过来，就会产生偏见。这就好比如果你只看过一种颜色的花，就以为世界上只有这一种花，那当然会犯错。”

小明连忙问：“AI 老师，偏见是什么意思？为什么小聪这么说是不对的呢？”

AI老师回答："偏见就是对某些人或事物有不公平的看法。比如小聪觉得女生不如男生聪明，这就是一种偏见。事实上，每个人都有自己的聪明才智，不能因为性别、外貌或其他因素就一概而论。"

小聪惭愧地低下头："对不起，我学到了错误的东西。"

AI老师和蔼地说："知道错了并愿意改正，就是好孩子。AI也需要不断学习正确的价值观哦。"AI老师又叮嘱小聪："以后遇到问题，可不能再这么以偏概全啦，要公平地看待每一个人。"

小聪用力地点点头："我记住了！"

看到小聪认真认错的样子，小明的气也消了，脸上露出了笑容。

这时候，AI老师继续说道："其实，不光是偏见，AI的应用还涉及很多伦理和安全问题，需要遵守道德和规则。"

小明好奇地眨眨眼："AI也要遵守道德和规则吗？它们又不是人。"

AI老师笑了："AI虽然不是人，但它们很聪明，会影响人类的生活。如果没有规矩，AI可能会做出错误甚至危险的事情。所以我们要给AI上一堂'品德课'，让它们明白什么能做，什么不能做。"

这天晚上，小明亲眼见识了AI老师给小聪上的"品德课"。他发现，原来不仅人类要学习道德，AI也需要有一颗善良、公正的"心"。小明明白了：要让AI成为真正的好帮手，就必须教会它遵守道德和规则，这样AI才能像好朋友一样可靠。

AI也要讲道德

通过小明的故事，我们知道 AI 有时候会说出或做出不合适的事情。这就是 AI 伦理中需要关注的问题。所谓 AI 伦理，就是关于 AI 应该遵守哪些道德准则、如何安全可靠地工作的原则。简单来说，我们希望 AI 是“好孩子”，而不是“熊孩子”。那么，AI 需要遵守哪些道德和安全规则呢？

一、不伤害人类是最基本的原则

不管 AI 有多聪明、多能干，都绝不能做出伤害人的事情。例如，一个自动驾驶汽车的 AI，一定要把人的安全放在第一位。这就像交通规则里的红绿灯一样重要：红灯停、绿灯行，没有红绿灯，路上就会乱成一团；没有基本的安全规则，AI 也可能闯祸。

二、公平公正，没有偏见

AI 应该平等地对待所有人，不能因为性别、种族、年龄等因素厚此薄彼。就像老师批改作业时不能偏心，只给喜欢的同学高分一样，AI 在做决定时也不能偏心。为此，科学家们会尽量提供多样、平衡的数据来训练 AI，并制定检查机制，防止 AI 产生偏见。

三、诚实守信，不撒谎

AI 在回答问题或提供信息时，应该尽量准确可靠，不故意欺骗用户。如果 AI 不知道答案，应坦诚说“我不确定”或向他人寻求帮助，而不是编造一个答案。想象一下，如果 AI 为了显得自己很厉害而乱编事实，那就像一个爱吹牛又不负责任的人。这样的 AI，我们就没法信任它，也不会愿意继续使用它了。只有诚实可信，AI 才能真正成为我们的好帮手。

四、保护隐私，尊重机密

这一点我们下面会详细讲。总之，AI 不应该随意收集、泄露人们的私人信息。

除了以上这些，AI 还要遵守法律和安全规定，不能帮助人做坏事或违反法律的事情。如果有人命令 AI 去攻击别人的电脑，正直的 AI 应该说“我不能那样做”甚至报警。这就像小朋友在生活中也要明辨是非，不能因为别人怂恿就做坏事一样。AI 不是是非不分的机器，我们希望它能像正直的人一样遵守法律和原则，不被坏人利用。

听起来 AI 需要遵守的规则真不少，那么 AI 真的能够做到吗？其实，只要人类在设计和训练时用心，AI 是可以按照这些道德准则来行动的。人类的智慧会帮助 AI 成为一个品德高尚、守规矩的“AI 公民”！

为了让 AI 遵守道德准则，研究人员和工程师们会给 AI 设定各种规矩和限制。具体来说，他们会在AI系统里加入安全机制。当AI的行为触碰到安全红线时，这些机制就会立即发挥作用，把AI拉回正确的轨道。

比如，有的聊天AI内置了敏感词过滤机制，一旦检测到自己将要输出不礼貌的词语，就会自动换一种更文明的说法，或者干脆不回答。通过相关技术手段，我们给AI设置了一道“安全网”，确保它不会轻易犯大错。像AI老师这样的模块，就是一种安全机制，专门用来监督和纠正AI的行为，让AI不断变得更好。

当然，光有规矩还不够，AI还需要不断学习道德知识，这就像小朋友每周都要上品德课一样。AI老师对小聪的教育就是一个例子。AI老师就好比在AI世界里的德育老师，专门纠正AI的错误观念，让它们明白什么是对的、什么是错的，让AI变得更懂礼貌、更善良。训练AI的过程，很大程度上也是在教AI如何做一个“好公民”。换句话说，AI就像一个聪明的孩子，我们只有从小教导，让它明白道理，它长大后才能做正确的事。

总而言之，人类为 AI 订立道德准则，就是希望把人类珍视的价值观（如善良、公平、诚实等）传递给 AI，让 AI 按照这些正确的原则来行动。AI 本身没有人的情感和同理心，但只要我们引导得当，它也能像人一样有人情味，表现出对他人的尊重与关怀。

公平与偏见：AI 也要公正

现在，我们重点来说说偏见问题。所谓偏见，就是对人或事的不公平看法。小明家的 AI 小聪认为“女生不如男生聪明”，这就是一种偏见。这种偏见如果不纠正，就可能带来不好的影响：它可能会让 AI 把科学课程更多地推荐给男生、忽略女生的兴趣，或者在设计游戏角色时更倾向于使用男性形象等。这对女生来说非常不公平，对整个社会也是有害的。

AI 为什么会产生偏见呢？主要原因是学习材料存在偏差。AI 是通过大量数据进行学习的，如果那些数据本身带有偏见，AI 学到的也会是偏见。举个例子，如果一个 AI 翻阅过去 100 年的新闻，发现报道中男性科学家出现的频率远远高于女性科学家，它可能就会错误地以为“男性更适合当科学家”。

现实中也发生过 AI 因为偏见而闹笑话的案例。曾经有一家公司用 AI 来筛选求职者的简历，但由于 AI 学习的历史数据里男性员工占多数，所以它倾向于优先选择男性申请者，结果很多优秀的女性简历被不公平地淘汰了。发现问题后，公司只好暂时停止使用这个 AI 并重新训练它以纠正这个偏见。这件事提醒我们：AI 一旦带有偏见，就会造成严重的不公平，必须及时防范和纠正。

为了防范 AI 偏见，工程师们会在训练 AI 时尽量使用多元化的数据，让 AI“见多识广”，避免一叶障目。同时，他们还会设计一些算法来让 AI 对来自不同群体的人一视同仁。而且，AI 在被开发出来后，还需要经过严格的测试。如果发现 AI 对某些人不公平，就要及时调整。

对于小朋友来说，我们要明白：AI说的话不一定永远是对的。如果听到 AI 说出带有偏见的观点，我们应该提高警惕，像小明那样勇敢地指出来，并告诉大人或者让 AI 老师来纠正。每个人都可以成为监督 AI 公平性的“小小监督员”，让 AI 变得更公正、更友善。

保护隐私：谨守秘密

除了纠正偏见，隐私保护也是 AI 时代非常重要的一个课题。什么是隐私呢？简而言之，隐私就是个人不想公开的信息，比如你的全名、家庭住址、生日、照片甚至日记里的秘密等。这些信息如果落入陌生人手中，可能会对我们不利，如被坏人利用来实施诈骗或冒充我们。

AI经常需要处理大量数据，其中就包括许多个人隐私信息。举例来说，一个智能语音助手可能会记录你的声音，一个健康 AI 应用会存储你的运动和睡眠数据。如果这些数据被泄露或滥用，用户的隐私就会受到侵犯。

因此，AI 必须学会保护隐私。这意味着：① AI 在收集你的个人信息时，应该得到你的同意；② AI 存储和使用这些信息时，要采取加密等安全措施，不让坏人轻易偷走；③ AI 不应该把你的秘密告诉无关的人。

曾经有个小朋友在网上认识了一个所谓的“AI 朋友”，她高兴地和对方分享了自己的照片，还透露了自己学校的名称。没想到，这些信息被一个坏人看到了。那个坏人假装成小朋友的朋友，跑到学校附近想接近她，幸好被老师发现并及时制止了。这个事件吓坏了小朋友和她的家人。他们这才明白，原来随便在网上透露隐私是这么危险的事情！从那以后，这位小朋友再也不敢轻易在网上分享个人信息了。她的爸爸妈妈也为她的网络应用设置了严格的隐私保护，让 AI 应用在未经允许的情况下无法收集她的资料。

就像你不会随便把自己的日记给陌生人看一样，AI 也不应该把你的聊天记录、照片等私密资料随便公开。如果 AI 能说话，它应该懂得闭口不谈主人的个人信息。

当然，保护隐私不光是 AI 的责任，也是我们每个人的责任。对于小朋友来说，要记住：不要随便在网上告诉别人你的真实姓名、住址、学校、电话号码等信息，也不要把自己的账号密码告诉陌生人等。如果有应用或网站要求你提供这些信息，一定要先征得父母的同意。在使用 AI 产品时，也要看看它是不是正规的、安全的，不要把隐私轻易交给不可信的平台。

当 AI 变得越来越聪明时，我们也要变得更聪明、更注意保护自己的隐私哦！

安全使用 AI：聪明使用，防患未然

最后，我们来说说如何安全使用 AI。AI 是很好的工具，

但如果使用不当，也可能带来风险。那我们该如何聪明地使用AI，保障自身安全呢？

一、不盲目信任 AI

AI虽然很聪明，但它也会犯错，有时还会提供不正确的信息。所以，当AI告诉我们一件事情，尤其是重要的事情时，我们最好自己也动脑筋想一想，或者向老师、家长核实一下。比如，即使AI告诉你某种蘑菇可以生吃，也千万别贸然尝试，一定要先确认这种说法是否可靠。

二、不依赖 AI 做判断

举个例子，如果AI聊天机器人让你做一件危险的事情，比如深夜独自出门寻找“宝藏”，你可千万别听！再比如，如果

AI 告诉你一个考试作弊的小窍门，你也千万不能照做！那不仅不诚实，还会违反校规。正确的做法是立刻告诉老师或家长，报告 AI 给出了不当的建议。AI 不是你的爸爸妈妈，它不知道什么对你来说是真正安全或危险的。所以，当你对 AI 的建议有疑虑时，一定要寻求成年人的帮助。

三、与 AI 相处要有节制

有些 AI 游戏和应用很有趣，小朋友们可能会一直玩个不停。但是长时间盯着屏幕，对眼睛和颈椎都不好。而且，沉迷于虚拟世界也会让我们忽略现实中的学习和生活。所以，我们要合理安排使用 AI 的时间。长时间沉迷 AI，不仅眼睛受不了，还可能耽误学习和与家人朋友相处的时间。最好的办法就是劳逸结合，比如用 AI 学习半小时后，就出去活动活动，再回来继续。

四、遵守使用规定

很多 AI 应用都会有适合使用者年龄的规定和安全提示。比如，某些聊天机器人会提示“18 岁以下请在家长指导下使用”。我们要认真遵守这些规则。在和 AI 互动时，也要保持礼貌和友善，不要尝试让 AI 做坏事或说坏话。

其实，AI 本身也可以帮助我们维护安全。许多网站和平台都会使用 AI 来过滤不良信息和有害内容，让网络环境更加健康。比如，AI 可以自动识别并删除网络上的脏话或其他不当言论，防止这些不良信息伤害大家；又比如，视频平台会用 AI 来拦截暴力或血腥的画面，以防小朋友看到不适合的内容。可以说，AI 就像网络世界的小卫士，在我们的指挥下帮忙创建了一个更安全的空间。当然，这也需要人类事先给 AI 定下明确的规则，让它知道哪些内容不可以通过，哪些行为必须阻止。

总而言之，安全使用 AI 需要我们具备较强的自我保护意识和判断力。AI 就像一把锋利的工具，用得好可以造福人类，用不好则可能伤人。比如，一把小刀能帮我们削铅笔、切水果，但如果乱玩小刀就可能割伤手指。

所以，我们在享受 AI 带来的便利和乐趣的同时，也要时刻保持清醒的头脑。记住：当遇到不确定的情况时，停一停，想一想，问一问，安全第一哦！只要保持警惕，养成良好的使用习惯，我们就能安心地享受 AI 带来的便利，让 AI 真正成为我们生活中的好伙伴！

训练 AI 就像训练小狗

还记得我们常说的“AI 就像个小狗”吗？其实，训练 AI 的过程也很像训练一只小狗。小狗刚来到家里时，如果没人教它规矩，它可能会在屋里乱咬乱叫，到处大小便，这样就会给家里带来麻烦。同样，如果不给 AI 订立规则、教它是非，它也可能“无法无天”，做出不良行为。

不过，当你耐心地训练小狗，比如教它在固定的地方上厕所、不随便乱叫、学会握手坐下等，小狗渐渐懂事，就会成为一只乖巧听话、惹人喜爱的好狗狗。AI 也是一样，当程序员和 AI 老师不断“训练”AI、给它规定合理的行为准则，AI 慢慢就会改正偏见，学会遵守道德和安全规则，成为人类可靠的伙伴。

所以说，无论是养一只小狗还是“培养”一个 AI，都需要良好的教育。只要方法得当，曾经调皮捣蛋、不守规矩的 AI 也能变成守规矩、懂礼貌的“好孩子”。到那时候，AI 就真的能和我们和谐相处，成为大家最忠诚、最可靠的助手啦！

其实，AI 伦理还包括很多方面。除了我们今天讲到的偏见、隐私和安全，AI 做决定是否公开透明、AI 是否影响人类就业机会等，也是 AI 伦理的重要议题。不过那些问题比较复杂，需要更多知识。对于现在的我们来说，最需要关注和理解的就是这些与我们生活密切相关的 AI 道德和安全问题了。

将来，随着科技的发展，我们有信心让 AI 变得越来越“善解人意”。也许等你们长大了，也会参与制定 AI 的道德规范或设计安全机制呢！说不定将来发明出更聪明版“AI 老师”的人，就是你们当中的某一位哦！

希望在大家的共同努力下，AI 能够始终做一个守规矩、懂道德的好帮手，为人类创造更加美好、安全的未来。到那时候，我们也不用担心会发生科幻电影里那种 AI 失控的可怕场景了。守规矩的 AI 将一直是我们可信赖的伙伴，而不是我们的敌人。

本章练习与思考

PRACTICE AND THINKING

1. 想一想

小明家的AI说了“男生比女生更聪明”这样的话，这对吗？为什么这种说法是不对的？如果你听到AI这样说，你会怎么做？

2. 说一说

哪些个人信息属于你的隐私？这些隐私能不能随便提供给AI或网络上的陌生人？谈谈如何保护自己的隐私安全。

3. 讨论

如果一个AI程序让你做一件危险或奇怪的事情，你会听从它吗？你应该怎么做？在这种情况下，向父母或老师求助为什么很重要？

第十二章

拥抱未来：AI 世界大畅想

小明的未来之梦

夜深了，皎洁的月光透过窗帘洒在床头。小明已经进入了梦乡。在梦里，小明来到了几十年后的未来世界。他惊喜地发现自己已经长大，成了一位著名的 AI 发明家，正在自己的高科技实验室里忙碌。

“叮！”一声清脆的提示音响起，一个机器人缓缓走到小明身边。这个机器人有着圆圆的脑袋和闪烁着温柔的蓝色光芒的眼睛，两只机械臂末端装着精细的医疗器械。“主人，智能医生机器人准备就绪。”机器人用温和的声音说道。

小明微笑地点点头。原来他刚刚完成了一项伟大的发明——智能医生机器人。他给机器人取了个名字，叫“小医”。小医拥有庞大的医学知识库和精密的机械手臂，可以帮助医生治疗病人，甚至能够独立完成一些简单的手术。

就在这时，实验室的大屏幕上突然弹出一条紧急消息：市中心医院有一名危重病人需要立即手术！因为情况危急，医生们希望寻求 AI 的帮助。小明二话不说，立刻带着小医跳上一辆无人驾驶急救车，朝医院飞驰而去。

几分钟后，在医院的手术室里，医生们已经做好了准备。小明和小医一起进入无菌手术室。医生们看着这个聪明的机器人伙伴，眼中充满期待。手术开始了！小医灵巧地操作机械手臂，按照医生的指令精准地为病人止血、缝合。它内置的 AI 大脑飞快分析着病人的生命体征，为医生实时提供手术建议。小明在一旁协助，仔细观察着监测器上的数据。

手术过程中，病人的心跳一度变得十分微弱，情况非常危险。这时，小医迅速做出判断，平稳地实施了紧急处理措施，让病人的心跳恢复了正常。

小明看着小医忙碌而有序的动作，心里既紧张又激动，在心中默默为病人加油："一定要挺住啊！" 终于，在智能医生机器人和医生们的通力合作下，手术顺利完成了。病人的生命体征恢复平稳，手术室里响起了一片欢呼声。"太棒了！手术成功了！"医生们纷纷向小明和小医竖起大拇指。

小明长长地舒了一口气，脸上露出了欣慰的笑容。他轻轻拍拍小医的肩膀："干得好，小医！"小医的眼睛闪烁了一下，仿佛也在开心地笑。

走出医院，小明抬头望向天空。手术结束时已是清晨，太阳正慢慢升起，柔和的阳光洒在未来的城市中。他发现此时的城市变得和儿时记忆中很不一样：空气清新甜润，道路干净整洁，高楼大厦的墙壁上爬满了绿色的植物，犹如一座座垂直花园。

街道上行驶着安静的电动汽车，还有许多公共汽车的驾驶位上竟然没有司机——原来它们都是无人驾驶公交车，由 AI 统一调度运行。更让小明惊讶的是，路边不再有挥汗如雨劳动着的环卫工人，而是一群可爱的机器人环卫工在忙碌：它们有的像小甲虫一样在路边捡拾垃圾，有的推着会喷水的清洁箱刷洗地面。几个机器人之间还会互相打招呼，配合默契极了。

小明走进附近的公园，顿时被眼前的景象吸引住了。公园里绿树成荫，鲜花盛开，一个个机器人园丁正忙着照料花草树木：

有的浇水施肥，有的修剪枝叶。天空中，还有无人机在巡逻，检测空气质量和天气变化。一旦发现空气污染超标，公园里巨大的喷雾装置就会启动，像喷水池一样喷出洁净的水雾来净化空气。整个城市变得如此生机勃勃！

“这一定是 AI 让城市变得更美好了。”小明心想。他继续在城市中漫步，看到智慧交通系统正发挥作用：十字路口的交通灯不再一成不变，而是能根据路上车辆和行人的实际情况灵活调整变灯时间，就像一个经验丰富的交警一样。突然，远处传来一阵警报声，一辆无人急救车正载着病人赶往医院。智慧交通系统立即变换红绿灯，腾出一条快速通道，让急救车一路畅通无阻地通过。

小明看到这一幕，心里暖洋洋的，感慨地想：“AI 就像城市的大脑，让我们的生活更加安全、方便，还保护了环境。”

小明露出了憧憬的微笑，他相信 AI 会让未来的世界变得更加美好。

正准备回实验室继续他的研究时，小明耳边突然响起了熟悉的声音:“各位乘客请注意，飞往月球的太空观光飞船即将起飞！”他循着声音望去，不远处有一座未来感十足的航天中心，门口停放着一艘闪闪发光的白色飞船，外形如同一架巨大的白色飞机，机身上写着“月球之旅”。

原来，现在太空旅行已经不再只是宇航员的专利，普通人也可以乘坐 AI 太空导游飞船去参观月球了。小明当然不会错过这样的机会，赶忙来到航天中心，加入了即将出发的观光团。

一走进飞船舱门，小明就看到了一个悬浮在半空中的机器人。它拥有圆润的身体，底部散发出柔和的蓝色光芒。机器人脸上有一块屏幕，显示着微笑表情："欢迎来到太空观光飞船！我是本次旅程的 AI 导游——小宇，很高兴为大家服务！"它用欢快的声音向乘客们问好，虽然声音里带着一丝电子音，但语气十分亲切。

乘客们在座位上坐好后，小宇开始讲解："各位小朋友和大朋友，请系好安全带，我们马上就要出发啦！我们即将离开地球，进入神秘的太空，请透过舷窗欣赏一路风光。"随着轻微的震动，飞船平稳地升上了天空。透过窗户，小明看见云层在脚下飘过，城市和山川逐渐变小。没过多久，天空变暗了，太空的美景呈现在眼前。

"哇！"飞船里的孩子们发出惊叹，小明也和大家一起贴近舷窗，好奇地望着太空中的美景。地球变成了一个蓝白相间的美丽球体，悬挂在黑色的宇宙背景中。

小宇悬浮在机舱中间，一边播放着宇宙的 3D 全息图像，一边解说："现在，大家可以看到我们的地球母亲。瞧，那片蓝色是广阔的海洋，白色的是云层。我们人类就生活在那颗美丽的星球上。而前方不远处，就是月球啦！"小明顺着它指引的方向，果然看到前方出现了一颗银灰色的球体，表面布满环形山——那就是月球。

飞船逐渐接近月球，在月球周围环绕飞行。透过窗户，小明可以清晰地看见月球表面的月海和起伏的山丘。“各位乘客，我们不会登月，但可以近距离欣赏月球的风貌。”小宇继续介绍，“未来，随着AI技术的发展，也许人类可以建立月球基地甚至火星城市呢！到时候，大家或许真的能去这些星球上旅游，AI将成为你们可靠的伙伴。”

小明听了点点头，脑海中浮现出未来的画面：宇航员们穿着太空服，在AI机器人的协助下，在月球上建起科研站；巨大的火箭由AI导航，在茫茫宇宙中寻找新的星球；甚至还有AI诗人凝望星空，为宇宙写下浪漫的诗句。AI让太空探索的梦想成为现实，人类的足迹将在AI的帮助下延伸至更遥远的星辰大海。

不久后，飞船开始返回地球。透过舷窗再次望见熟悉的蓝色星球时，小明觉得自己的眼睛有些湿润——那是激动和感动的泪

水。他为人类科技的进步而感到由衷的自豪，也为 AI 能够带来的美好未来而兴奋不已。

飞船稳稳降落在航天中心，小明随着乘客们走出舱门，忽然听到有人在呼唤："小明——小明——起床啦！"这个声音很耳熟，仿佛是妈妈的声音。小明一愣，环顾四周，发现四下无人。下一秒，眼前的景象渐渐模糊起来，周围的太空飞船和机器人都消失不见了……

梦中的奇幻旅行就此结束。

小明睁开眼睛，发现自己正躺在家里的小床上，窗外清晨的阳光照亮了房间。原来刚才发生的一切都是一场美妙的梦！但这个梦境却是那么真实、生动，让小明回味无穷。他坐起身，揉了揉眼睛，忍不住微笑起来："将来，我真的能发明出这些 AI，让梦中的情景变成现实吗？"

带着满脑子的幻想和期待，小明准备起床迎接新的一天。他迫不及待地想把自己的梦告诉老师和同学们……

梦醒之后的讨论

小明一到学校，就迫不及待地找到班主任王老师："老师老师，我昨晚做了一个好神奇的梦！"王老师笑着拍拍他的头："哦？什么梦让你这么开心，讲给大家听听吧！"于是，早读时间变成了小明的“梦境分享会”。同学们都好奇地围了过来，竖起耳朵听小明讲故事。

小明清了清嗓子，认真地讲起了自己的梦：“我梦见自己长大后发明了一个智能医生机器人，它帮助医生给病人做手术，救了病人的命。然后我还看到城市里有好多 AI 机器人，它们让空气变干净，让交通变通畅，还帮忙打理公园，让公园变得非常漂亮。最后我还坐上由 AI 当导游的飞船去参观了月球……”他兴奋地把梦中的奇遇一一道来，小脸上洋溢着快乐的笑容。

“哇，听起来真是太棒了！”同桌欣欣羡慕地说，“要是真能这样就好了！”其他同学也纷纷点头。

王老师微笑着问大家：“那你们觉得，小明梦里的这些场景，有可能在未来真的实现吗？”

“有可能！”班里的“科普小博士”浩浩举手说，“我听我爸爸说，现在医院里已经有可以帮医生做手术的机器人了！”

王老师赞许地点点头：“浩浩说得对。小明梦里的机器人医生可不是胡思乱想哦！其实现在啊，有一些手术机器人已经投入使用了，比如有个叫‘达·芬奇手术机器人’的设备，就像一双灵巧的机械手，能够帮助医生做高难度的手术。”

他停顿了一下，看着大家惊讶的表情，接着说：“不过呢，现在的医疗机器人还是需要医生来操作，它们就好比医生的超级助手。机器人医生就像医院里多了一个不会疲倦的帮手，24 小时守护着病人，但真正做决定的还是人类医生。将来，如果 AI 变得更聪明，也许真的能像小明梦里那样独立完成一些手术呢！”

小明听得直点头。他回想起梦中小医的表现，不禁问："老师，机器人会不会有一天代替医生，成为医院里的主力呢？"

王老师想了想，回答："机器人可以学习海量的医学知识，又不会累，理论上将来能在很多方面超过人类医生。但是医生不仅仅是治疗机器，他们还需要安慰病人、关心病人，这些爱心是机器不具备的。所以我认为啊，未来最理想的情况是人类医生和 AI 医生合作。AI 就像一位永远不会累的专家，随时提供建议，人类医生则负责做最后的判断，两者合力才能给病人最好的照顾。"

同学们一边听一边若有所思地点头。王老师继续说道："小明梦里还提到 AI 让城市的环境更美好，对吧？这也是完全有可能的呢！大家想一想，当城市里的空气不好时，我们人类往往事后才能发现污染源，而如果有 AI 实时监测，它是不是可以提前发现问题、及时提醒大家并采取措施呢？"

坐在窗边的小丽举手回答："对呀，之前电视里说现在有

AI监测河水污染，一旦某段河水变脏了，就会通知工作人员去处理。”

王老师露出赞许的笑容：“说得很好！AI监测环境，就像给城市安装了一双无形的‘眼睛’，时刻盯着环境的变化。如果空气中灰尘多了，AI可以通知喷雾装置开始工作；如果垃圾满了，环卫机器人会立刻去清理。”

“还有还有！”体育委员壮壮兴奋地说，“我在新闻上也见过无人驾驶汽车呢，将来马路上跑的车也许都是 AI 开的！”

小明也说：“是啊，在我梦里，公交车都没有司机，因为 AI 自己就能把车开得很好。”

王老师点头：“没错。现在已经有一些自动驾驶汽车投入测试了，AI 可以通过摄像头‘看’路况，用电脑‘脑袋’来控制刹车和转弯。AI 驾驶就像一个永不疲倦的司机，经验丰富，可以时刻小心驾驶，减少交通事故。当然，目前的 AI 开车技术还在发展中，还需要人类监督呢。”

“那以后是不是所有工作都能让机器人来做了？环卫工人、园丁叔叔阿姨都不用上班了吗？”角落里传来一个细小的声音。大家循着声音看去，是平时有点腼腆的小轩。

王老师温和地笑了：“小轩提出了一个很好的问题。AI 确实能代替人类做很多重复、危险或者繁重的工作，比如环卫机器人可以帮忙扫大街，这样环卫工人叔叔阿姨就不用半夜起床去清扫马路了。他们可以去做更需要创造力和组织能力的工作，比如指导或管理机器人。AI 就像城市的超级管理员，能管理好许多事情，让人们有更多精力去做更多需要人类智慧的工作。”

老师停了停，郑重地看着同学们，说：“不过啊，同学们，机器人再能干，也是我们人类创造的工具。我们要善于运用 AI

来让世界更美好，但不能什么都依赖它，更不能滥用它。高科技需要高智慧，更需要高尚的品德，只有这样，AI 才能真正让城市变得更好，而不是带来新的问题。”

王老师见同学们听得很认真，又接着说：“小明梦里的太空之旅是不是也很让人向往呀？”

同学们纷纷应道："是！"

坐在前排的佳佳问："老师，刚才小明说他坐飞船去月球旅行，还有 AI 机器人当导游，真的会有这种事吗？"

王老师笑着回答："目前啊，普通人要去太空旅游还比较难，不过科学家们已经在努力啦！其实现在已经有机器人在太空帮助人类了。你们知道吗，人类早就造了火星探测机器人。它们非常聪明，能接收人类科学家的指令，自己开着小车在火星上到处走，拍照片、检测土壤，再把资料传回地球。我记得美国有'勇气号''机遇号'，中国也有'祝融号'在火星探险呢！"

听到这里，同学们睁大了眼睛，小明惊叹："哇，机器人都已经在火星上啦！"

王老师点点头："是啊。还有我们中国的'玉兔号'月球车在月球上开来开去，就像一只机械小兔子在月球上散步，帮我们考察那里的环境。这些探测机器人就好比我们的机械探险家，让我们坐在地球上就能‘看到’火星和月球。”他边说边在黑板上画了一幅关于小机器人和月球的简笔画。

浩浩又举手了：“老师，那将来人类真的能坐飞船去别的星球旅游吗？”

王老师笑着说：“也许可以哦！近几年世界上已经有太空游客乘坐私人公司的火箭到太空边缘转了一圈，虽然票价很贵，但这说明太空旅行正在慢慢变成现实。AI 在其中非常重要——AI 是可靠的太空向导和勤劳的太空工人。比如，将来建造月球基地，AI 机器人可以提前去完成危险的建造工作；飞船上有强大的 AI 自动驾驶系统，还可以像小明梦里的 AI 导游那样，给大家讲解星空的奥秘呢！”

欣欣开心地接话："那我长大了也想去太空看看！"其他同学也兴奋地议论起未来想去的星球，有的说要去火星摘一颗"火星白菜"，有的说想去土星数数光环有几圈，教室里顿时热闹极了。

王老师看着大家脸上向往的神情，笑着举起手示意大家安静下来。他语重心长地说："同学们，你们的想象力真丰富！科学的进步离不开这样的奇思妙想。今天我们讨论了小明梦里的AI世界，其实正如大家所发现的，很多看似幻想的场景，其实已经在现实中有苗头了。也许再过几十年，真的会实现呢。不过，要把梦想变成现实，需要我们一代又一代人的努力。希望你们长大以后，好好运用AI，让这些美梦都变成现实，让世界变得更美好。"

听了老师的话，小明和同学们都使劲地点头。他们仿佛看到了未来：在他们这一代人的努力下，一个充满智慧和爱的AI世界正在慢慢到来。

想象未来的AI职业

讨论过小明梦中的AI世界之后，王老师让同学们发挥想象力，想一想未来还会出现哪些现在没有的新职业。大家都兴奋地举手发言，七嘴八舌地提出自己的奇思妙想。王老师一边听，一边将这些有趣的"未来职业"写在黑板上。

一、AI 太空导游

未来如果太空旅行变得普及，人们去月球或火星旅游，可能需要专业的太空导游。AI 太空导游也许是配备 AI 助手的导游，或者干脆就是由 AI 担任导游机器人，带领游客安全地在太空中航行，讲解星球知识，就像小明梦中的小宇那样陪伴大家探索宇宙的奥秘。

二、AI 农民

未来的农民可能和现在大不一样。他们会使用 AI 技术来种田，比如用 AI 控制的无人机给庄稼喷洒水肥，用机器人帮忙播种和收割。AI 农民更像是农业管理员，通过电脑和机器照顾大片农田，让农作物长得更好、更快，同时也能减少辛苦的体力劳动。

三、AI 诗人

你能想象机器人写诗吗？也许未来真的会有能“写诗作画”的 AI！ AI 诗人可能是指利用 AI 创作诗歌的艺术家，或者本身就是一个会写优美诗句的 AI。它可以学习人类的文学作品，自己创作出动人的诗歌和故事，成为文学创作的新伙伴。当然，它写出的诗是不是有人的情感，需要我们进一步去体会和判断。

四、AI 环保建筑师

建筑师是设计房子的人。如果给他们配上 AI 助手，会怎样呢？未来的 AI 环保建筑师可能会用 AI 来帮助设计超级环保的房子和城市。例如，设计一种房子，屋顶有太阳能板可以发电，墙壁上能种植物净化空气，AI 系统自动调节室内温度，让生活既舒适又节能。这种职业让科技和环保结合，为人类创造更美好的生活环境。

看到黑板上列出的这些职业，同学们的思路一下子打开了，有人补充说，也许还有“AI医生”“AI老师”等更多可能的职业。

王老师笑着说：“是啊，未来充满无限可能。也许有些职业听起来很奇怪，但当你们长大后，说不定真的就出现了呢！”

未来发明展

这场关于未来AI的讨论激发了同学们无限的创造力。王老师当即决定：下周举办班级“未来发明展”，让大家把自己想象的AI未来世界用图画或其他形式展示出来！同学们一听都欢呼起来，纷纷开始讨论自己要制作什么作品。

接下来几天，小明所在班级的同学们都沉浸在准备“未来发明展”的热潮中。美术课上，同学们拿出画笔，描绘自己心中

的 AI 场景；科学课上，大家用纸盒、积木动手制作简单的机器人模型。

小明把自己梦里的智能医生机器人画了出来：画面上，一个可爱的机器人正在医院里给病人看病，旁边站着长大后的小明，笑容满面地注视着这一幕。

欣欣对太空导游很感兴趣，她用彩笔画了一艘飞船，飞船里有机器人导游正带领游客欣赏土星环。

小丽喜欢植物和环保，她和几个女同学一起制作了一张“未来绿色城市”的海报：高楼大厦的墙上挂满了绿色植物，天上有太阳能发电的飞行器，街道上都是清洁机器人和自动驾驶汽车，角落里还有一个 AI 控制中心像大脑一样管理着城市。

浩浩喜欢机器人，他用乐高拼出了一台简易的“农场机器人”，代表未来的 AI 农民在田里劳动。

还有的同学发挥文学才能，写了一小段科幻故事或诗歌，想象 AI 如何帮助人类与动物对话，又如何在海底建造城市，脑洞大开，精彩纷呈。

未来发明展终于到来了！那一天，教室里张灯结彩，墙上贴满了同学们的作品。每个作品旁边都有小作者写的介绍词，讲述

他们的奇思妙想。老师还邀请了别的班的同学和家长们过来看展览。小明和伙伴们充当小讲解员，热情地给前来参观的人介绍自己的作品。

“这是我的智能医生机器人！将来有了它，偏远地区的病人也能得到很好的治疗，再也不用担心找不到医生啦！”小明自豪地向前来观展的家长们介绍。一位家长看着他细致的画不住地点头：“真不错，小小年纪就有这么有爱的梦想。”

欣欣拉着几位同学站在她的太空旅行画作前："欢迎乘坐未来号飞船，由AI导游带您遨游宇宙！瞧，我画的土星多漂亮！"她得意地说，引得大家纷纷赞叹："哇，土星环画得好棒！"

另一边，小丽和同学们一起制作的绿色城市海报也吸引了很多人围观。"我们希望未来城市里处处是绿色，"小丽认真地讲解着，"这个高塔上有风车发电，这里有雨水回收系统，还有AI实时监控空气质量。这样我们的地球就会更干净、更美丽！"

"这个创意很好哦！"王老师微笑着称赞。

展板的角落，有一首特别引人注目的小诗，是班级文艺委员燕子写的："机器人，机器人，会思考，会计算；机器人，机器人，有爱心，有奇迹。未来世界你来帮，山更绿，海更蓝，人类携手AI创辉煌。"看完这首稚嫩又充满希望的小诗，大家都鼓起掌来，仿佛真的看到了一个人与AI和谐共处、美好繁荣的未来世界。展览结束时，王老师请每个人谈一谈自己的感受。

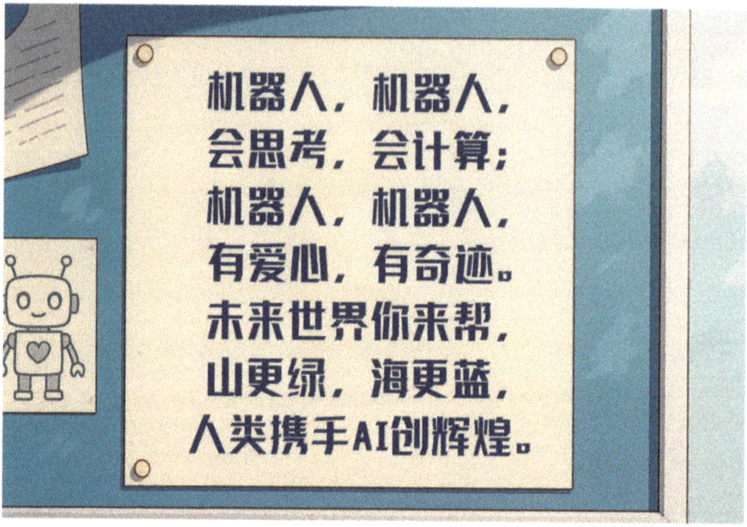

小明抢先举手：“我感觉我们的梦想离现实好像更近了！只要我们努力，以后一定能发明出这些 AI。”

壮壮挥舞着拳头说：“嗯！我以后要学好本领，造出比你画的更厉害的机器人！”

大家你一句我一句，说得豪情满怀。

王老师看着孩子们神采飞扬的样子，欣慰地笑了。他大声宣布：“未来发明展圆满结束！但同学们，美好的未来才刚刚开始。希望你们今后继续保持这份对科学的热情和创造力，长大后成为对社会有贡献的人。让我们一起拥抱未来，用 AI 创造出更加美好的世界！”

本章练习与思考

PRACTICE AND THINKING

1. 我的 AI 梦想

拿出纸和笔，画一画或写一写你心中未来的 AI 发明吧！它是什么样子的呢？它可以做些什么？发挥你的创造力，大胆把你的想法表现出来。

2. 小小演讲家

向家人或同学做一次关于你构想的未来 AI 的演讲，就像小明他们在未来发明展上做的那样。练习用清晰的语言表达你的想法，说说这种 AI 发明能给大家带来什么好处。

3. 我想对未来说

闭上眼睛，想象二十年后的某一天，你和 AI 一起生活的场景。然后睁开眼，写一封信给未来的自己，描述那时 AI 世界的样子，以及你在其中扮演的角色。将来打开这封信时，你可以看看自己的梦想实现了多少。

www.ingramcontent.com/pod-product-compliance
Lightning Source LLC
LaVergne TN
LVHW022124071026
849580LV00015B/2161